汉竹编著·健康爱家系列

零基础养多肉

——养活 养好 养出色

 阿尔 主编

江苏凤凰科学技术出版社
全国百佳图书出版单位
·南京·

 前言

从你踏入"肉坑"开始,多肉就成为了你生活的一部分。每天都要去看它们好几遍,忍不住摸摸它们胖乎乎的叶子,时不时给浇点水,晴好的天气还会给它们拍些美照,每天、每天都盼着它们快点长大,快点变美。这是每一个多肉新人的真实日常写照。

从最开始的兴奋入货一直到塞满阳台,对多肉的热情只增不减。即便如此,还是有些人总也养不好多肉。羡慕多肉大神的美肉,就跟着学配土、学浇水,结果也不尽如人意。其实,多肉并不难养,只是你还没有了解它们的习性和自己的养护环境。本书提倡养多肉要"因地制宜",不同环境区别对待;养多肉应"因材施教",不同习性的多肉区别对待。不照搬,不盲从,养适合自己的多肉。

本书前两部分图文并茂讲多肉上盆、叶插、浇水、施肥、病虫害防治等日常养护工作,让零基础新人轻松养活多肉。然后深入浅出地分析多肉长成果冻色的原理,教你把握主要因素,根据自己的环境自由调控,养出更好状态的美肉。最主要的一大部分是120多种流行多肉的图鉴和个性养护,还有颠覆你对多肉认识的超级状态对比图。120多种多肉全部是流行的热门品种,总有你喜欢的那一款。最后一部分的内容,能够解决你养肉过程中遇到的"疑难杂症",不再害怕"度夏""过冬"。

最后,希望所有多肉爱好者都能养出肥美、呆萌、可爱、果冻的多肉!

阿尔的多肉成长对比照

2015 年 7 月 26 日

桃美人

2016 年 1 月 10 日

蜡牡丹

2015 年 5 月 23 日

2016 年 1 月 2 日

2015 年 2 月 7 日

冰莓

2015 年 9 月 5 日

2016 年 4 月 2 日

玉杯东云

2014 年 10 月 9 日

2015 年 2 月 7 日

2016 年 1 月 24 日

2014 年 10 月 9 日

芙蓉雪莲

2015 年 2 月 15 日

2016 年 4 月 21 日

小米星

2014 年 11 月 13 日

2015 年 11 月 8 日

2016 年 4 月 2 日

目录
Contents

第一章 初识多肉

第二章 懒一点，少浇水
——养活多肉很简单

第三章 达人养肉秘笈
——养出多肉果冻色

第四章
Q 萌多肉的个性养护

第五章 常见问题答疑
——养多肉那些小·事儿

夏季通风、遮阳防黑腐 /210

冬季少浇水、多观察 / 214

其他常见问题 / 216

附录

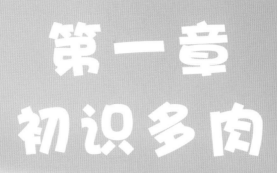

第一章
初识多肉

遇上多肉是一个美丽的意外，第一眼就被它们呆萌的外表吸引，不禁感叹"世界上还有这么萌的植物"！惊叹之余就会想要了解它们，"这是什么植物，好不好养，去哪里买？"现在的你是否也正在困惑？一起来初步认识下它们吧！

邂逅小萌物

当你看到色彩绚丽、圆润可爱的多肉植物，你是否也和我一样，对它们"一见钟情"了呢？这些鲜活的小萌物呈现出千差万别的面貌，有的像盛开的莲花，有的像含苞的玫瑰，有的甚至像河边的石头；有的毛茸茸，有的胖嘟嘟，还有的晶莹剔透，真是千奇百怪！

初识"懒人植物"

如今，多肉植物被越来越多的人喜爱，养多肉似乎也逐渐成为一种时尚和潮流。许多家庭的庭院里、阳台上、飘窗上，还有一些办公室中都能看到多肉的身影。为什么大家这么喜爱多肉呢？除了可爱呆萌的外形、靓丽多彩的颜色，还有一个重要原因是它们的生命力顽强，特别容易养活。它们不需要主人每天浇水，时常施肥，定期修剪，只要给点阳光就能灿烂绽放，因此又被称为"懒人植物"。养多肉的朋友们亲切地称它们为"多肉""肉肉"，这名字也是名副其实，因为它们大多有肥厚多汁的茎秆或叶片，看起来肥硕丰腴，肉感十足。

多肉植物的原产地遍布世界各地，但以非洲和美洲居多，生长环境多为干旱或半干旱，这就要求它们能储存足够的水分，所以它们就有了如今的"多肉"外形。多肉植物的家族成员非常多，从植物分属上来说，大概有 50 多个科（常见的多属于景天科、番杏科、百合科、仙人掌科等），而它们的品种，就连植物学家都无法完全统计。在这么多的多肉植物中，你肯定能找到自己喜欢的那一株。

多肉植物家族成员众多，而且形态、色彩多变，总有一款"萌"动你的心。

爱上多肉

一些平时对花草没什么感觉的人，当遇到多肉植物之后却一头扎入了多肉的世界，爱上了这些可爱的小萌物。多肉有许多不同于一般花卉的地方，这也是它的魅力所在。

1 养护简单：多肉养护相对简单，不需要花费太多时间养护，并且，多肉超级耐旱，就算短期出差也不用担心它们会干枯而死。

2 适应性强：多肉的适应性很强，不管是露养还是室内栽种都能活。

3 占用空间小：通常多肉体型较小，不会占用太多空间，可以放在阳台、飘窗养护，还能放在有充足日照的书桌上、电脑旁，为你的工作环境增添一份生机。

4 观赏性强：多肉外形小巧可爱，清新怡人，可以给人带来很好的视觉享受。而且很多品种的多肉本身就长得像盛开的花朵，一年四季观赏性都很高。

5 组合盆栽创意多：千姿百态的多肉还能组合出千变万化的创意盆栽，利用闲暇时间，发挥自己的想象和创意"打造"一盆自己喜欢的拼盆，会带给你无与伦比的成就感。

6 奇妙的变色技能：多肉最大的魅力在于它们会"变色"，在春秋季温差大的环境下，多肉会变成红色、黄色、橙色、紫色等绚丽的颜色。而且在不同养护环境下它们的状态也有差别，即使同一株多肉，浇水频率不同也会呈现完全不同的状态。

小巧可爱的多肉非常好养活，而且还不会占用太多空间。

"肉圈"里的肉言肉语

在和肉友交流中我发现，很多刚开始养多肉的朋友对"肉圈"里一些名词不太理解。其实，这些词汇并不难理解，有些只要看图就能明白。

单头：植株茎秆单独生长，没有产生分枝。

群生：三个或三个以上的单头生长在同一个根上。

老桩：生长多年的植株，有明显木质化主干或分枝。

叶痕：叶片脱落后，在茎秆上所留下的叶柄断痕。叶痕的排列顺序与大小，可作为鉴别植物种类的依据，叶痕的密集程度和树木的年轮一样可以推测多肉生长情况。

窗：许多多肉植物，如百合科十二卷属中的玉露、玉扇等，其叶面顶端有透明或半透明部分，称之为"窗"。其窗面的纹理也是品种的分类依据。

锦：又称彩斑、斑锦。茎部全体或局部丧失了制造叶绿素的功能，而其他色素相对活跃，使茎、叶表面出现红、黄、白、紫、橙等色或色斑。

全日照：简单理解为"太阳东升西落都能够晒到太阳"，大概是 8 小时的日照时长。

生长点：植物学上通常称为分生区，又称生长锥或顶端分生组织，此处细胞分裂活动旺盛。通俗来说，就是植物生长新叶的地方，多肉植物一般为单头的中心圆点。另外，我们也会称叶子基部能产生不定根、不定芽的部位为生长点。

缀化：生长点异常分生、加倍，而形成一条曲线的生长点，是一种畸形变异现象。一般缀化植株会长成扁平的扇形或鸡冠形带状体。这种畸形的缀化，是某些分生组织细胞反常性发育的结果。

休眠：多肉植物处于自然生长停滞状态，会出现落叶、包叶或地上部死亡的现象，常发生在寒冷的冬季和炎热的夏季。

夏型种：生长期在夏季，而冬季呈休眠状态的多肉植物，称之为夏型种或冬眠型植物。这里的"夏季"指肉肉在原产地的夏季气候，如果天气太热，肉肉依旧会休眠。

冬型种：多肉植物的生长期在冬季，而夏季呈休眠状态，称之为冬型种或夏眠型植物。这里的"冬季"是指肉肉在原产地的冬季气候，如果天气太冷，肉肉依旧会休眠。

多肉植物小知识

叶插：将多肉植物的完整叶片或叶片的一部分放置于土壤上，促使生根，长成新的植株的一种繁殖方法，而且大部分多肉都可以用叶插的方式繁殖。

砍头：也叫"打顶"，将植株顶端部分和基部分离的方式，是多肉繁殖的一种方法，也可以用于植株出现严重病害时的紧急处理。

花箭：一般景天科的多肉都是这种开花方式，从多肉主干中间部分生长出的长长的花茎。花箭最开始可能和侧芽很像，然后会慢慢抽出、伸长，花箭伸长需要较长的时间。多肉开花后可以对其进行授粉，从而得到种子。

气根：由地上茎部所长出的根，在虹之玉、梅兔耳、玉吊钟的成年植株上经常可见。

徒长：植株茎叶疯狂伸长的现象，一般原因是缺少光照、浇水较多。

穿裙子：莲花座形状的多肉，因为缺少日晒，叶片下垂的形态。

化水：多肉植株或叶子呈现黄色带透明质感，是一种病态的表现。

黑腐：由于真菌感染，叶片、植株出现叶片化水、腐烂、黑心等死亡的现象。

晾根：当土壤过湿和根部病害，导致多肉植物发生烂根，出现黄叶时，可将植株从土壤中取出，清理烂根、老根，把根部暴露在空气中晾干，利于消灭病菌和恢复生机。

缓盆、服盆：多肉经过换盆或运输后，根系受损，需要一段时间恢复，这段时间多肉就处于缓盆阶段。多肉有生长迹象，根系恢复吸水功能，就说明多肉服盆了。

月光女神开花的花箭。

僵苗：多指播种后出土的幼苗较长时间没有生长迹象的情况。

白霜：一些多肉叶片的表面有白霜状物质，这些是多肉植物为了遮蔽原产地强烈的阳光而进化出的自我保护手段之一。白霜被蹭掉后可以再生，但有深浅色差，所以日常养护时要尽量保护好它们。

蜕皮：主要是指肉锥、生石花等多肉新叶生长过程中吸取老叶营养，从而导致老叶萎缩、干枯的现象。蜕皮可能会持续数月，这期间不要浇水。

闷养：一般用于玉露、寿等百合科有窗多肉的养护，可使窗更透亮、饱满。方法是：用透明的器皿罩住要闷养的多肉，制造高湿度的小环境，一般在冬季进行。

杂交：两种植物开花后进行杂交以便获得具两种亲本特性的新品种的行为。例如白牡丹为拟石莲花属与风车属的属间杂交品种。

蒂亚是景天属和拟石莲花属的杂交品种。

多肉"入坑"经验谈

　　许多肉友回忆起自己当初刚"入坑"的时候，都有购买多肉"被坑"的经历。其实，新人在没有经验，又特别有购买欲望的时候，往往会买贵或者买回不理想的肉肉。接下来的经验分享，会介绍一些方法，让新人买到满意又实惠的肉肉。

花市购肉防被宰

　　随着近两年来多肉热潮的兴起，许多花市也可以看到多肉的身影了。有些地方的多肉品种还很丰富，方便的话，去花市买多肉还是比较适合新人的。

　　在花市买多肉，需要自己砍价，一般商家都会把价格虚抬一些，对于新人来说很容易"被宰"。如果新人对多肉的品种和大概的价格有些了解的话，就能将价格"砍"到合理范围内。还有一些商家会把一些多肉冠以非常好听或寓意吉祥的名字，用这种方式吸引顾客，这也需要新人冷静对待。如果不了解价格还是选择便宜货吧，有些商家的标价确实贵得离谱，等自己了解多肉的价格行情后你就会后悔自己当初太冲动了。

　　不能否认，花市上也会碰到一些品相、大小、价格都非常好的多肉，这也需要自己对各个品种的价格有了解才能"捡漏"。同样，一些商家或售货人员会把一些相似的品种弄混，而按照一样的价格出售，这时候就要看你对多肉的认识有多少了。所以多逛逛花市，对新人来说也是很好的学习方法。

新手小贴士：

　　特别需要提醒的就是，新人朋友看到心仪的多肉组合拼盘往往会毫不犹豫地购买，其实这种商品的标价通常会比购买相同数量的单个品种更贵，而且组合拼盘比较考验养功，新人不太容易养好，漂亮的品相也维持不了多久。

网购多肉"有图不一定有真相"

如今网购已成为年轻人的主要购买方式，而多肉又具有超强的耐旱能力，便于快递，所以网上的多肉卖家也是相当多的。这虽然为肉友们购买多肉提供了非常大的便利，但是也存在着诸多弊端。

大部分商家出售的多肉都是随机发货的，多肉的品相不一定都非常好，而他们在商品区展示的图往往是非常漂亮的状态图。很多新人会以为自己买到手的就是图片上的样子。等到收货时，才发现很多品种都认不出来了，因为它们跟图片上的多肉相差太多。

还有一些商家会存在过度修图的现象，多肉照片颜色太鲜艳甚至比较奇特的，应该更加小心。当然也有不少靠谱的商家，这需要大家多看看买家评论和买家秀的图来分辨。曾经有商家把枝干番杏的图修成蓝色，声称出售的是"蓝色小兔子"的种子，许多人因为好奇而上当受骗。多肉植物是会变换颜色，但是它们的颜色也是很自然的，如果图片颜色明显艳丽甚至呈荧光色，这时就要提高警惕了。

另外，在网上买多肉时应注意看描述中的尺寸，拿出尺子自己比较一下，就能了解大概的大小了。多肉的图很多都是近距离拍摄，视觉上看起来是大个，其实一般出售的多肉都在 10 厘米以内。新手最好买超过 5 厘米的成株多肉，这样比较容易成活。

新手小贴士：

除了在网上店铺购买外，大家也可以在各大论坛、贴吧的交易版块购买多肉。一些多肉爱好者会将自己繁殖的多肉出售，运气好的话还能碰到比网上店铺更实惠的多肉。

跟非专业卖家购买多肉，最好让卖家提供实物图片，一物一拍，付款选择第三方支付，避免不必要的交易纠纷。

调色过于鲜艳的多肉。

正常颜色的多肉。

线上、线下购买多肉大PK

现在的多肉迷应该算是幸运的，因为可以很方便地买到自己想要的多肉，而且可选择的购买方式也多。这里来聊聊几种购买方式的优缺点，仅是我自己的一点经验，说得可能不太全面。

	购买方式	优点	缺点
线上购买	网店、论坛	1.购买简单，品种齐全，足不出户就能买到多肉。 2.比价方便，价格较合理，还能与网上肉友互相交流购买多肉、养肉经验。	1.无法直接看到多肉，不易判断植株大小、健康等情况。 2.若买卖双方所处地域不同，多肉需要较长时间适应新环境和恢复。 3.快递过程中，多肉很容易受伤。
线下购买	花市	1.能够直观地看到肉肉的品相、健康状况、植株大小等。 2.更容易买到自己喜欢的多肉。	1.容易将病虫带回家。 2.价格波动大，初养者难以把握，易多花钱。
	大棚	1.品种丰富，植株健康，状态好。 2.连盆端，不需要重新种植。	1.容易将病虫带回家。 2.一般大棚都在郊区，交通不太便利。

新手小贴士：

春秋季购买多肉为宜，这时温度适宜，植物服盆快；应避开冬夏季，一般多肉植物夏季生长欠佳，很难买到理想的多肉，冬季温度低，服盆慢。

初次购买不要买价格太高或比较珍贵的品种，否则很容易失败，导致养肉信心受损。买回家的多肉植物都需要主人的用心呵护才能越变越漂亮。

回首曾经的"美肉"

很多初入"肉坑"的朋友，对多肉状态的认识可能不太准确，在最开始挑选多肉时往往把状态不怎么好的带回家，还自认为它们很漂亮、很可爱。而当你阅尽千"肉"之后，你才会知道真正的美肉是什么样，回首曾经，不免吐槽自己一番。为了避免更多新人重走这条老路，现在就来看看下面的对比图吧，你一定知道应该选择哪一株了吧！

白美人茎秆徒长，叶片稀疏，品相不佳。

株型紧凑的白美人，叶片较密，品相好。

观音莲叶片变软、下垂，呈"穿裙子"状。

群生观音莲，叶片硬挺，有红尖，品相佳。

乒乓福娘叶片扁长，茎秆纤嫩。

乒乓福娘老桩，叶片短而肥厚，茎秆较粗。

第二章
懒一点，少浇水——
养活多肉很简单

多肉是很好养活的植物，只要给它们一点阳光、雨露，它们就能活。即便如此，还有人会把"好养活"的多肉养死，那大概是因为他们太勤快了吧！其实，只要你掌握了基本的养护方法，懒一点，不要经常浇水，不要经常换盆，多肉就会活得很好。

萌肉进家的"欢迎仪式"

一大波萌萌的多肉买回家，看着它们可爱的样子就好开心。以后，肉肉就是家里的一分子了，它们需要好好地照顾，给它们最好的环境，才能让它们茁壮成长！

小工具大作用

为了照顾好肉肉，你需要准备些必要的小工具，它们在日常的养护中都用得到。这些小工具不一定都要重新购置，也可以找其他物品替代。

小型喷雾器：用于空气干燥时，向植物或植物周围喷雾，增加空气湿度。一般用于玉露、玉扇、寿等十二卷植物及叶插、播种小苗的喷雾。同时，喷雾器还可用作喷药和喷肥。

浇水壶：推荐使用挤压式弯嘴壶，可控制水量，防止水大伤根，同时也可避免水浇灌到植株上留下难看的水渍印记。浇水时沿花盆边缘浇灌即可。

小铲：用于搅拌栽培土壤，或换盆时铲土、脱盆、加土等，是养多肉必备工具。一般多肉的花盆并不大，推荐使用迷你小铲。

刷子：可以用软毛牙刷或毛笔、腮红刷等替代，用于刷去多肉植物上的灰尘、土粒、蜘蛛网、脏物及虫卵等，叶表被覆白霜的品种不适用。

镊子：清除枯叶，扦插多肉，也可用于清除虫卵。

剪刀：修剪整形，一般在修根及扦插时使用。

药物：护花神、多菌灵、蚧必治等药物需要购买一些，发现病害可及时施药。即便不生病虫害时也可以使用，可起到预防作用。

桶铲：主要是种植的时候用来填土的，干净又方便，不会弄得到处都是土。这个工具也可以用饮料瓶改造，把饮料瓶瓶身剪成开口是椭圆形的就可以了。

气吹：清除多肉植物上的灰尘，而不损害植物表面覆盖的白霜。维修电脑使用的气吹就可以，家里有的话就不必再买了。

温度、湿度计：精准测量养护环境的温度和湿度，以便于管理和养护。室外露养的可以不用准备，多关注天气预报也一样，室内养护的还是准备上比较好。

🌸 新手小贴士：

喷雾器多用于叶插苗的养护和玉露、寿等百合科十二卷属多肉植物的养护。

浇水一般不建议直接浇到多肉植株上，水珠积存在叶心可能会造成晒伤，即使没有晒伤也会留下难看的水渍，影响美观。

花市买回的多肉处理

　　刚从花市或者大棚买回来的多肉不要急着浇水。多肉来到新的环境，需要慢慢适应一下，因为花市和大棚的养殖环境和家庭养护环境不太一样。

刚进家门的多肉养护要点

　　❶ 将多肉植物摆放在阳光充足且有纱帘的窗台或阳台上，也就是散射光充足的地方，千万不要放在阳光直接照射或光线不足的场所。

　　❷ 不要立即浇水，先放一阵子，等多肉植物逐渐适应新环境后再浇少量水，之后可以给予更多的阳光照射。大约两周内多肉就能适应新的环境了。

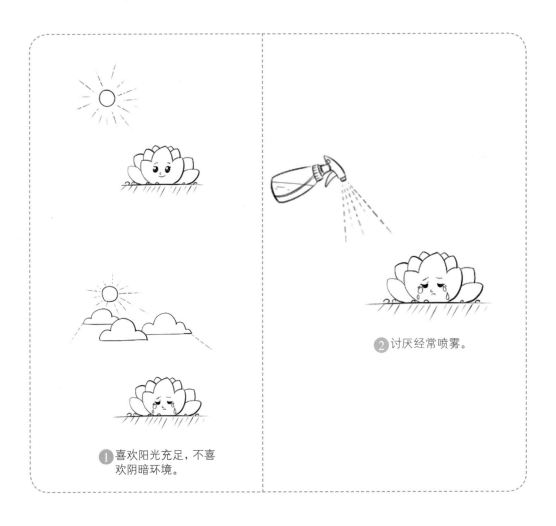

❷讨厌经常喷雾。

❶喜欢阳光充足，不喜欢阴暗环境。

适应环境后的多肉养护要点

① 防止雨淋。雨水过多容易导致多肉植物徒长或腐烂。

② 注意不要把水、肥直接浇在植株上，避免将叶片弄脏。

③ 浇水不需多，盆土保持稍湿润即可。夏季高温干燥时，大部分多肉处于半休眠或休眠状态，不宜多浇水，可向植株周围喷雾降温，切忌向叶面喷水。

④ 少搬动，防止掉叶或根系受损。

⑤ 冬季低于 5℃时，需放温暖、光线充足处越冬。

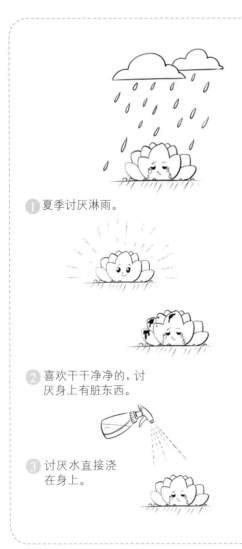

① 夏季讨厌淋雨。

② 喜欢干干净净的，讨厌身上有脏东西。

③ 讨厌水直接浇在身上。

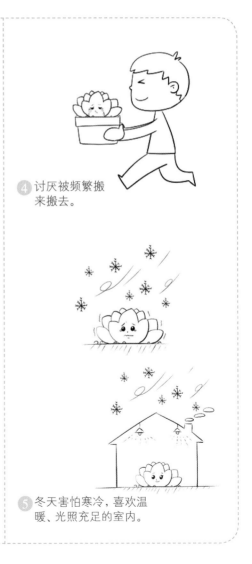

④ 讨厌被频繁搬来搬去。

⑤ 冬天害怕寒冷，喜欢温暖、光照充足的室内。

网购裸根多肉的上盆

　　一般网购的多肉都是裸根运输的,就是不带花盆,不带土的。如果根系健康就可以直接上盆了。如果有化水的叶片,需要摘除后放在通风处晾一晾再上盆。

❶ 准备好花盆、多肉。为多肉挑选合适的土壤,并对土壤进行消毒、晾干、喷水,注意调节好土壤的湿润度。

❷ 为了避免土壤从花盆底部的孔洞漏出,可以先在花盆底部铺一层纱布或大的陶粒。

❸ 装入营养土,土壤到花盆适当高度时,用镊子轻轻夹住多肉,放在花盆中央。

❹ 继续用小铲或桶铲填入营养土,埋住根部。土加至离盆口1厘米处为止,不宜过满,稍蹲一蹲花盆使土壤更加紧实。

❺ 铺上一层麦饭石或其他浅色颗粒土,既可降低土温,又能支撑株体,还可提高观赏效果。

❻ 用刷子或气吹清理干净多肉,放阴凉通风处养护。等过一周左右,多肉有生长迹象了可以大水浇透一次。

不健康多肉的处理

如果发现买回来的多肉上有虫卵，或者叶片腐烂或有虫子啃食的痕迹，那么就需要你为它清理一下土壤和根系了，帮它摆脱病菌和虫害。

❶ 用小铲或镊子、木棒等轻轻敲打花盆，使土壤与花盆分离。

❷ 用镊子或小铲从花盆边插入，沿花盆边缘转动，使土壤松动。

❸ 一手握住多肉植株，一手自下而上将多肉推出。用手轻轻地将根部所有土壤去除。

❹ 检查根系，如果有干瘪的、腐烂的根系，需用剪刀剪除，根系特别发达的也需要适当修剪。

❺ 重点检查根系和叶片背面。若有虫子可用小刷子将虫子扫除。

❻ 按1:1000的比例稀释多菌灵溶液，浸泡多肉。无论有没有病虫害，都可以用多菌灵浸泡，这样能够强健多肉植物的体魄。

❼ 晾干伤口。这一步是非常重要的，未经晾干就上盆的多肉不易服盆，还容易感染病菌，最好摆放在通风、干燥处，避免阳光直射。之后的上盆可以参考第38页"网购裸根多肉的上盆"的步骤。

给肉肉选个"阳光福地"

植物生长离不开阳光、土壤、水分，多肉也是如此。而且对于多肉来说"阳光"是拥有好状态的必备条件。为了肉肉们的健康和美丽，把家里阳光最好的地方留给它们吧！

露天环境最适合养多肉

许多肉友可能在野外或山上发现过野生多肉，而且这些多肉都很健康，有的状态也不输于人工养殖的多肉。而且，大家可能也有这样的感觉，同样的地理位置，露天环境下的多肉就比室内养护的漂亮一些。在露天环境下生长的多肉，能够尽情享受阳光雨露，如果再有长时间的日照和大温差，肉肉自然就长得健壮又美丽。所以，我一直提倡有露养条件的话，还是要露养，毕竟大自然才是肉肉最想得到的怀抱。

露养并不是扔在外面不管

露养并不是把多肉直接扔在外面不管，任它们风吹雨淋日晒。可能一些人会质疑，很多人都是扔外面不管的啊，但是这个前提是他们的多肉已经完全适应了露养。如果你把刚买回来的多肉扔到室外不管，它成活的概率肯定很低，遇上多雨或是高温的天气也肯定会死掉的。所以，刚开始露养要循序渐进，并密切关注天气情况。

初次露养应循序渐进

开始露养时要选择适合露养的多肉，要确保它们是健康的，生长状况良好。可选择在春秋季节温暖的上午，感觉光照舒服但不刺眼的时候，将多肉放到室外晒 1~3 个小时，然后第二天、第三天，逐渐增加露养的时间。当然也要看当时的天气情况，如果下雨，就暂时不要露养了。

露养环境更容易养出好的状态。

清理肉肉的灰尘

　　无论是室内养护还是露养都会有灰尘，只是多少的问题。满面灰尘的多肉即使品相很好，也降低了它的美感，所以清除灰尘是必做的功课。可在多肉需要浇水时，用压力比较大的喷水壶对准叶片喷雾，以冲洗灰尘。平时可以用气吹清理，千万不要用手去擦，尤其是叶表被覆白霜的多肉，不然它会被你擦成"大花脸"。

窗台、阳台、飘窗也能养好多肉

　　居住在都市里的多肉爱好者也许都很羡慕那些农村的肉友，可以有宽敞的庭院、偌大的房顶养多肉。可是在地价、房价不断上涨的城市想要拥有一个自己的多肉花园不是件容易的事。不过，大家也不必沮丧，多肉植株都比较矮小，不会占用太多空间，窗台、阳台、飘窗，只要可以见到阳光的地方就可以养多肉。在每天日照时长超过4小时的地方养多肉，掌握好浇水的频率，你也能养出好看、漂亮的多肉。

掌握好养多肉的技巧，飘窗、阳台一样可以养出美丽多肉。

花盆要好看也要实用

为萌肉选个舒服又漂亮的家，并不是件容易的事。住在合适的盆里，萌肉们才能更 Q，更健康。

选择适合多肉的花盆

花盆的深度：多肉植物生长缓慢，根系相对较浅、较短，所以不用特别深、特别大的花盆。一般成株用 4~8 厘米深的花盆就可以，玉露、万象等根系相对较深，可以用 9~15 厘米深的花盆。如果一定要使用较深的花盆，最好用大颗粒将底部垫高。

花盆的大小：选盆时一定要注意根据植株的大小进行选择，小苗不要栽大盆，大苗不要用小盆，以苗株外缘距盆沿至少 1 厘米为宜，植株栽植的深度以距盆口 1 厘米左右为宜。

花盆的形状：好马配好鞍，好肉配好盆。不同的多肉，应该搭配不同形状、不同造型的花盆。奇特多姿的多肉配上一个与之相辅相成的花盆更能体现多肉的呆萌。

圆形花盆宜搭配莲座状多肉和叶片圆润肥厚的多肉；方形盆适宜栽种群生和棱角分明的多肉；长方形、椭圆形的花盆适合做拼盆。一些特殊形状的花盆就需要你按照盆的特点去寻找合适的多肉来栽种了。另外，一些高桩的、垂吊型的多肉，可以搭配细高型的花盆，这样才能相得益彰。

花盆的颜色：平时我们的衣着搭配讲究整体的平衡和色调的和谐，其实花盆与多肉的颜色搭配也可以参考服装配色的原则，这样整个盆栽就会有一种相辅相成的妙处。比如，红色的多肉搭配白色或米色的花盆；黄色多肉配蓝色或紫色的花盆；绿色多肉搭配黑色、灰褐色或黑棕色的花盆等。

孔雀造型花盆中栽植群生多肉或组合多肉都很漂亮。

大部分多肉都可以使用10 厘米口径的花盆。

红色花盆配深紫色的多肉比较协调。

花盆深度宜浅不宜深。

不同材质花盆的对比

前面讲到的花盆大小、形状、颜色等，主要影响着多肉盆栽的美观程度，而花盆的材质则影响着多肉植物的生长状况。塑料的、陶的、瓷的、玻璃的、紫砂的等，到底哪种材质的花盆更有利于多肉的生长呢？

材质	优点	缺点
塑料盆	质地轻巧，造型美观，价格便宜	透气性和渗水性一般；使用寿命短
陶盆	透气、透水性能好，有利于植物生长	盆器重，搬运不方便；易破损
瓷盆	制作精细，涂有各色彩釉，比较漂亮	透气性和渗水性差，不利于植物生长；极易受损
玻璃盆	能直观看到土壤的潮湿程度，造型别致，规格多样	一般没有底孔，不利于植物生长；非常容易破损
紫砂盆	外形美观雅致，透气性主要取决于盆壁的厚度，盆壁越薄透气性越好，一般的紫砂盆透气性比瓷盆稍好	价格昂贵；渗水性较差，浇水不当容易导致烂根；容易损坏
木盆	常用柚木制作，呈现出非常优雅的线条和纹理，具有田园风情；透气性和渗水性较好	较容易腐烂损坏，使用寿命短
泥盆	又称瓦盆，透气性和渗水性好，价格便宜	不美观，易损坏

除了市场上可以买到的花盆外，我们也可以利用旧物做花盆，如破旧的汤锅、水壶、水杯、水果篮等都可以用来种多肉，甚至是饮料瓶、鸡蛋壳、旧皮鞋等。

瓷盆

铁盆

陶盆

土壤的选择

　　疏松透气、排水良好的土壤最有利于多肉的生长，建议新手选用多肉专用营养土来栽种，这是最省力、省心的。等到自己慢慢积累了一些经验后，可以根据自己的养护环境和浇水习惯自行配置混合土。

常用的土壤种类

多肉专用营养土：这种是商家自行配置好的土壤，一般由多种颗粒土和营养腐殖土混合而成，成株、幼苗都可以使用，透水、透气，且肥力也不错。

泥炭土：呈酸性或微酸性，其吸水力强，有机质丰富，较难分解。它是古代湖沼地带的植物被埋藏在地下，在淹水和缺少空气的条件下，分解为不完全的特殊有机物，属于不可再生资源，建议大家尽量少使用或者不使用，可以用椰糠来代替。

园土：经过施肥和精耕细作的菜园或花园中的肥沃土壤，非常容易获得，但是透气性太差，容易板结，需要配合其他介质使用。

腐殖土：是由枯枝落叶和腐烂根组成的，它具有丰富的腐殖质和良好的物理性能，有利于保肥和排水，土质疏松、偏酸性。也可堆积落叶，发酵腐熟而成。

椰砖：由椰糠压缩而成，透气、保水，价格低廉，需要泡发后才能使用，而且不含有营养物质，需搭配其他介质使用。

煤渣：蜂窝煤燃烧之后的残渣。煤渣经过高温燃烧后，不带病菌，不易产生病害，含有较多的微量元素，透气性、保水性都很强，搭配或者不搭配其他介质都能使用，不过使用前最好用清水浸泡一夜。

陶粒：多种材料经过陶瓷烧结而成，大部分呈圆形或椭圆形，尺寸一般为 5~20 毫米不等，具有隔水、保气的作用，一般在比较深的花盆中垫底使用，也可以搭配营养土做基质使用。

蛭石：通气性好、孔隙度大，持水能力强，保水、促发根作用明显，但长期使用容易致密，影响通气和排水效果。

珍珠岩：天然的铝硅化合物，具有封闭的多孔性结构。通气良好，保湿、保肥效果较差，材料较轻，易浮于水上，不宜单独使用。

水苔：是一种白色、又粗又长、耐拉力强的植物性材料，具有疏松、透气和保湿性强等优点，一般作为特殊造型盆栽的基质使用。

麦饭石：麦饭石有很多种颜色，常见的为淡黄色，透水性好，含有多种微量元素，有改善土质的作用。可与其他土壤混合使用，还可以做铺面石使用。

日向石：又名日向土，多孔而质轻，透水性好。看上去和鹿沼土有点像，比起鹿沼土来更加不容易粉碎，适合不喜欢换盆的朋友，也可用来铺面。

赤玉土：褐色，由火山灰堆积而成，透水、透气性好，但时间久了容易粉末化。

鹿沼土：浅黄色或黄白色，具有很好的保水性和透气性，时间长了也容易粉末化。

火山岩：红褐色，含有丰富的微量元素，透水、透气，抗菌、抑菌。使用前应先用清水洗净。

天然粗沙：浅黄色或白色，主要是直径两三毫米的沙粒，呈中性。粗沙中几乎不含营养物质，具有通气和透水作用。可以用来铺面，也可以和其他介质混合使用。

多肉配土不能照搬照用

很多人会问我用的什么配土,其实我的配土不一定就适合你用。因为每个人的养护环境、浇水习惯、花盆材质不同,这都将影响配土的成分和颗粒土的比例。下面要说的是普遍性的配土比例,仅供大家参考。你可以先试试这种普遍性的配土,然后再根据多肉的生长状况,对配土进行改进。照搬照用别人的配土是永远养不好多肉的。

不同环境需要不同的配土

颗粒土与营养土的比例为 1:1,适用于排水良好的花盆和比较干燥的环境。

颗粒土与营养土的比例为 7:3,适用于排水不太好的花盆和比较潮湿的环境。

不同植株需要不同的配土

颗粒土与营养土的比例为 1:1,适用于直径大于 5 厘米的成株。

颗粒土与营养土的比例为 3:7,适用于叶插苗、小苗的繁殖。

颗粒土与营养土的比例为 7:3,适用于老桩的养护和需要控型的植株。

另外,想要控型的话,也可以使用全颗粒土,不过前提是根系要健康。

颗粒土包括鹿沼土、火山岩、珍珠岩、赤玉土、麦饭石、煤渣、粗沙等;营养土包括泥炭土、草炭土、腐殖土、园土等。

土壤的杀菌

为了防止多肉感染病菌,在种植多肉前最好对土壤进行杀菌处理。我认为最好的方法是在土壤中细致喷洒稀释好的多菌灵溶液,然后放在阳光能够直射的地方暴晒。

有些人利用微波炉对土壤进行高温杀菌,快捷方便,殊不知这种方法,虽然能够将土壤中的有害病菌杀死,但也导致对多肉生长有利的有益菌所剩无几,这种方法有点矫枉过正,不推荐使用。

黄金浇水法则

新人对多肉的热情总是特别高涨，总有人特别勤快，两天喷喷雾，三天浇浇水的。其实，这样反而对多肉不好。新人应谨记浇水的黄金法则：见干见湿、宁干勿湿。土壤完全干了再浇水，浇水时应让土壤完全湿透；不要总浇水，水多烂根很难救回来的，宁可让它们"渴"一点，即便多肉干得"皮包骨"了，一次大水就能缓过来。

一般情况下，浇水是气温高时多浇，气温低时少浇，阴雨天一般不浇；生长旺盛时多浇，生长缓慢时少浇，休眠期不浇。给多肉浇水应选择干净、无污染的水，也可以使用沉淀、过滤后的雨水，而且最好是提前把水晾晒一段时间，让水温接近室温即可。

什么时候该浇水

浇水的原则是见干见湿，"N天浇一次水"不能作为标准答案。我们要学会观察多肉，看懂它们发出的缺水信号。

多肉的叶子发皱时就说明它们非常缺水了。

在生长期，多肉的叶片出现褶皱，或者叶片向内收拢时就可以浇水了。浇水第二天就能看到多肉叶片饱满起来，这说明多肉根系健康。

新人如果不会判断多肉的缺水状态，可以用最简单的方法来测试土壤湿度。方法是：在花盆中插入一根竹签或小木棒，最好一直插入花盆底部，经常抽出竹签查看它是否带出泥土，如果有泥土带出，说明土壤还比较湿润，如果没有泥土带出则表示该浇水了。

有经验的肉友也可以通过掂量花盆的重量来判断是否该浇水了。这需要长期的经验累积。

这里特别提醒一下，番杏科的生石花在蜕皮时要断水，就算土干透了也不要浇水。

浇水的多种方法

有人说，浇水还有什么方法，直接拿水壶浇就是啦。看似简单的浇水，其中也有不少小技巧的。

一般浇水方法：直接用水壶或其他器皿盛水，沿着盆边浇水，注意应控制水流，慢慢、细细的浇，这样有助于土壤充分吸收水分。

喷雾：用喷壶喷雾，这种方法适合叶插小苗的浇水，另外，百合科多肉植物夏季也可以采用这种方法浇水。

浸盆：在大一些的容器中注入清水，水深大概为花盆高度的2/3，然后把花盆放入容器中，让水从花盆底部慢慢浸润到表层，表层土壤变湿润就可以拿出来了，不要浸太久。

浇水注意选择合适的时间段

浇水也要注意选择时间段，比如春季、秋季可避开中午阳光比较强烈的时间段，选择早晚浇水。因为高温时浇水，就好像给多肉的根系做"桑拿"，花盆环境闷热潮湿，对根系健康非常不利。

夏季天气炎热，禁止中午浇水，最好在太阳落山后再浇水，这样既避免了"桑拿"，也可以让水分有更长的时间进行蒸发，第二天也不至于造成闷热潮湿的花盆环境。

冬季应选择温暖的午后浇水，避免早晚气温过低浇水造成冻害。

浇水与通风

多肉浇水除了考虑植物生长状态、盆土干燥度、温度等外，还需要考虑通风情况。通风情况好的话，可以多浇水，通风不良的时候就要少浇水。尤其是夏季闷热的天气和室内养护时，浇水的水量要慎重。如果天气闷热，不要往多肉叶心浇水，叶心积水容易黑腐，可以用气吹或电风扇吹走水滴。在晴朗、有风的天气浇水，花盆中的水分能够快速蒸发，对植物根系的生长非常有利。

雪莲叶片覆盖有厚粉，不宜用喷雾的方式浇水。

薄肥勤施，让多肉快点长大

虽然说多肉的原产地大多土壤贫瘠，多肉生长不需要太多的养分，但是适当的施肥能够促使多肉生长得更快、更肥。

多肉的施肥方法

肥料大部分都含有氮、磷、钾，氮肥能够使植物茎叶生长茂盛，磷肥主要是促进开花结果，钾肥能够使茎秆更加健壮，使根系更加强健。常用的肥料有缓释颗粒肥和液体肥两种，这两种肥料少氮多磷、钾，适合多肉植物，且肥力持久、释放慢，施用方便、干净、无异味。

施肥时也可以用挤压式弯嘴壶灌根。

缓释颗粒肥的施用方法：平时施肥可以把缓释肥直接放在花盆表面即可，10厘米口径的花盆放8粒左右，肥效可持续半年。也可以在盆土中挖坑，将缓释肥埋入其中；在上盆时，也可以和土壤混合均匀使用。

液体肥的施用方法：液体肥按照使用说明书的稀释比例兑水稀释，然后可以喷洒于植株表面，也可以像正常浇水时那样灌根或浸盆。

薄肥勤施不烧苗

薄肥勤施是养好多肉的关键之一，浓度高的肥料容易伤根、烧苗。多肉植物大部分不喜大肥大水，肥料相对更稀薄一些才好。而且，施肥与浇水是相互配合的，需水量较多的多肉，需肥也相对多一些。新手朋友要注意这一点。如果首次使用液体肥，建议多兑些水，使浓度比说明书上的稍低一些，防止肥料浓度高烧苗。推荐新手使用缓释肥，它不必担心浓度大而烧坏根系或植株。

把握施肥时机

　　施肥应选择在多肉的生长期，休眠期不能施肥。一般来说，初春是多肉植物结束休眠期转向快速生长期的过渡阶段，此时施肥对促进多肉植物的生长是有益的。7月、8月正值盛夏高温期，植株处于半休眠状态，应暂停施肥。刚入秋，气温稍有回落，植株开始恢复生机，可继续施肥，直到秋末停止施肥，以免植株生长过旺。冬季一般不施肥。

　　当然也有一些是例外的，比如大戟科多肉夏季生长旺盛，就可以施肥；冬型种的雪莲可以在冬季施肥。

新手小贴士：

　　施肥应选择盆土比较干燥时进行。

　　对于多肉来说施肥不是非常必要的，如果你不想让它们长得太快也可以不用施肥。

　　栽培介质本身没有营养的就一定要施肥，栽种长达三四年没有换过盆的植株也需要施肥。

　　如果养护环境光照不够充足，施肥会加速多肉的徒长。

在家自制肥料

　　除了购买肥料，我们还可以在家自制肥料。

　　浸泡液肥：用缸、罐、瓶等容器装入果皮、烂菜叶、鱼骨、动物下水、蛋壳、霉变的食物等厨房废物，然后加入适量清水，再加入一些杀虫剂，盖上盖子(腐熟过程中会有气体产生，盖子不要密封太严，以释放气体，防止容器涨破)，常温放置，夏季3个月左右可以完全发酵。经过高温腐熟发酵后的液肥，取上部的清液，加30倍水稀释即可施用。

　　堆肥：同样的厨房废物可以埋入土坑中，加入杀虫剂，并保持土坑湿润，经过两季腐熟即可使用。腐熟后的肥料可以掺入培养土中做基肥使用。

　　这类自制肥料的优点是肥力释放慢、肥效长、容易取得、不易引起烧根，而且能够废物利用，减少环境污染。这里需要注意，没有经过发酵的淘米水、豆浆、牛奶、鱼虾之类不可以直接施用。

多种方法繁殖，成为肉肉大户

多肉的繁殖也是非常吸引人的，不仅能无成本得到更多肉肉，而且繁殖的过程会让你充满期待。多肉植物采用的繁殖方法主要有叶插、砍头、分株和播种。快来跟我体验这不可言传的美妙吧！

神奇的叶插

"一片叶子就是一棵小肉肉"，多肉的叶子有着神奇的"克隆"功能，不要小看每一片叶子哦，它们未来都可能变成萌萌的小肉肉呢！

叶插方法

❶ 准备叶插的土壤和容器。一般的多肉营养土就可以，花盆不需要太深，5厘米左右就可以。如果自己配土，要用喷壶朝土壤一边喷水，一边搅拌土壤，使土壤保持微微湿润的感觉。

❷ 选取多肉植株上健康、饱满的叶片，捏住叶片轻轻左右晃动，以保证叶片生长点的完整。注意，一些品种的叶片比较脆，容易掰断、破坏生长点，需要在盆土干燥的情况下进行，比如红宝石、蓝石莲等。

❸ 把叶片平放在营养土上，放置在太阳不直射的通风位置。为了保证空气湿度，可以隔天喷雾1次。

❹ 1~3周叶片就会生根或出芽。出根后一些根系会自己伸进土壤里去吸收水分，如果没有，就要把根系埋进土壤中，并让其逐渐接受日照，定期喷雾。

叶插小苗的养护

你如果尝试叶插后就会发现，叶子生根或出芽的时间非常不一致，尤其是不同品种的更是如此，所以，你可以先在一个容器里密集地摆放叶片，等一部分叶子生根了再移植到花盆里，这样同样生长状态的叶插小苗在一起更方便照顾和管理。

叶插苗出根出芽后，应放在东面的阳台，或只能晒到早上太阳的地方。叶插小苗太娇嫩，日照强烈很容易造成晒伤，严重的直接就会晒到化水。所以，叶插小苗更要注意防晒。

叶插苗的根系嫩白，根毛发达，吸水能力强，所以浇水可频繁一些，使用泥炭土或腐殖土的比例可以大一些，这样小苗能更快长大。

新手小贴士：

新手最好在春季或秋季进行叶插，白牡丹、姬胧月、虹之玉等品种极易叶插成功，是新手练习叶插的首选。

叶插时应把叶子平放于土壤上，并且尽量正面朝上。

叶子生根前不要让太阳直接照射，出根出苗后可逐渐增加日照时间。

叶插期间不要经常去翻动叶片，尤其是在生根之后，否则容易影响根系的生长。

叶插了一个月还没出根，是不是失败了

叶片出根出芽的时间不是固定的，品种之间的差异也比较大。如果叶片健康饱满就不能算是失败。可自行检查自己的养护环境是否适合叶插生长，如果温度不够，要想办法增加养护环境的温度，如果空气干燥可在叶片周围喷雾，适当增加空气湿度。

叶插小苗需要经常喷水。

砍头也能活

砍头是扦插的一种方法，多针对茎秆比较长的多肉植物，对其顶端进行剪切，从而促使侧芽生长的一种繁殖方式，是让多肉植物从一株变为两株，从单头植株变为多头植株较为理想的方式。

砍头方法

❶ 选择需要砍头的多肉植物。徒长的多肉可以利用砍头来重新塑型，一些茎秆出现病害，还未殃及顶部的多肉，也可以用砍头来"拯救"健康的部分。

❷ 选择恰当的位置砍头，剪口平滑。剪切前可以将部分叶片摘除，这样更有利于剪出平滑的切口。

❸ 将剪下的部分摆放在通风干燥处，晾干伤口，注意伤口不要碰脏。剪完的底座伤口也要晾干，不要暴晒。

❹ 等伤口干燥后，剪下的"头"就可以插入土壤中等待重新生根。

砍头后的养护

砍头后刚栽种的小苗应放在有明亮光线处但不被太阳直射的地方。春秋季节砍头后，一周左右会生出新根，可浇透一次，等再过一周就可以移至太阳直射的地方，进行 2 小时左右的光照，然后视多肉生长情况可逐渐增加日照时长。约 4 周后就可以正常养护了。

剪完的底座等伤口结痂就可以放回原来的位置，进行正常养护了。10~15 天后，你就会发现底座上会生出一些"小头"来，很快它就会长成一棵漂亮的多头多肉了。

分株,简单安全的繁殖方法

　　分株是指将多肉植物母株旁生长出的幼株剥离母体,分别栽种,使其成为新的植株的繁殖方式,是繁殖多肉植物中简便、安全、成功率高的方法。容易群生的品种都可以用分株的方法繁殖,常见的有观音莲、玉露、宝草等。

分株方法

❶ 选择需要分株的健康多肉植物,将母株周围旁生的幼株小心掰开,尽量能保留根系。

❷ 然后就是给幼株上盆,摆正幼株的位置,一边加土,一边轻提幼株,直到土加满为止。可以轻轻蹾一蹾花盆,让土壤更紧实些。

❸ 母株和其他幼株用同样方法上盆。

❹ 用刷子清理盆边泥土,然后放半阴处养护,静待多肉恢复。

分株注意事项

　　像观音莲、子持白莲、子持莲华等的幼株有伸长的茎秆,分株时尽量将茎秆保留长一些,并且要等伤口晾干后再上盆。

　　若秋季进行分株繁殖,要注意分株植物的安全过冬。

　　进行分株的幼株最好选择健壮、饱满的,成活率较高。

　　若幼株带根少或无根,可先插于沙床,生根后再盆栽。

　　刚刚分株后的植株须放阳光充足且通风处养护。

超有成就感的播种

　　播种是指通过播撒种子来栽培新植株的繁殖方式，这也是大多数植物采用的常见繁殖方式。多肉植物中许多品种都可以通过自株授粉和异株授粉来获得种子。新手也可以直接购买多肉植物的种子播种栽培。播种过程中，看着心爱的萌肉一点点长大，自己的成就感也一点点扩大。

播种方法

① 准备播种用的营养土和育苗盆，土壤以细颗粒为主，将土装满育苗盆，表面弄平整并浸盆。

② 多肉的种子特别小，播种时要放到白纸上，用牙签蘸水然后将种子点播在育苗盆中，注意不要覆盖土壤。

③ 把育苗盆摆放到光线明亮处，避免阳光暴晒。可以给育苗盆蒙上塑料薄膜，并在顶部用牙签扎几个孔透气，这样既能保持湿度又不会闷热。

④ 早晚喷雾，保持盆土湿润，注意出芽前不要晒太阳。

播种注意事项

　　多肉种子的发芽适温一般在 15~25℃。景天科多肉播种不分季节，但是建议新手在秋季播种，一来种子容易萌发，二来小苗经过冬季和春季的生长能更好地度夏。

播种土壤以细腻的营养土最好，可以用腐叶土或泥炭土 1 份加细沙 1 份均匀拌和，并经消毒的土壤为播种土。

新发芽的幼苗十分幼嫩，根系浅，生长慢，必须谨慎管理。播种盆土不能太干也不能太湿，夏季高温多湿或冬季低温多湿对幼苗生长十分不利。

幼苗生长过程中，用喷雾湿润土面时，喷雾压力不宜大，水质必须干净清洁，以免土壤受污染或长青苔，影响幼苗生长。

多肉种子的保存

如果购买的种子太多，一次播不完那么就要小心保存起来，等下次再播。

一定要选择密封性好的盒子存放种子。可以选择玻璃瓶、塑料瓶或铁盒等，且一定要盖紧，否则易导致种子发霉。

可以在常温条件下放在抽屉等凉爽、干燥处。若盛夏季节室内温度过高，需考虑摆放在冰箱 8~10℃ 的冷藏室，切忌冷冻。另外，一定要注意防潮，种子一旦受潮就不可能再播种成功。也可以选择在存储种子的盒中放一袋干燥剂。

可以在储存中途选择一个晴天中午晾晒检查一次，既防潮、换气，又能防止虫害。

切忌不同品种的种子混杂摆放，一个密封盒里只能装一个品种的种子。最好在密封盒上贴小标签，多品种要用纸袋分开，注明种子的品种和存储日期。

密封盒中种子不宜装得过满，一定要给种子留有充足的空间。

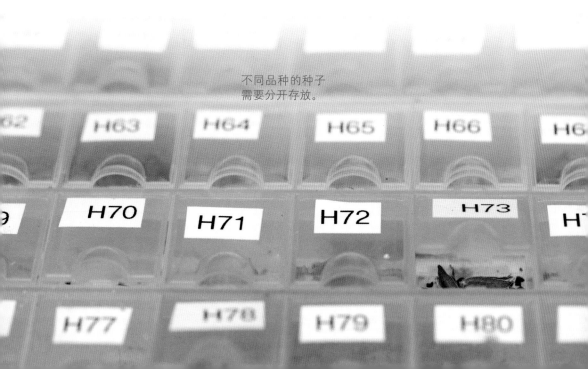

不同品种的种子
需要分开存放。

换盆 or 组合，都一样简单

相对于其他花卉来说，大部分多肉的生长速度比较缓慢，一年或两年换盆或移盆一次就可以了。

换盆方法

❶ 准备需要换盆或组合的多肉植物及花盆、土壤、工具等。

❷ 花盆底部垫上纱布或化妆棉，也可以铺一层陶粒。

❸ 将需要换盆或组合的多肉植物取出，清理旧土和根系，在通风处晾 1 天，然后再上盆（上盆步骤请参考本书第 38 页）。

❹ 用小刷子或气吹清理多肉表面，然后放到不被阳光直射的地方养护就行了。

换盆注意事项

换盆前应断水，让盆土变得比较干燥时再进行，这样也有利于盆土与盆壁的脱离。

换盆有时会遇到根系贴盆壁过紧，而无法顺利将多肉植物取出的情况。可以用橡皮锤子敲击盆壁，等盆土有所松动后，再将多肉植物取出。

换盆后的养护

刚刚换盆的多肉不能暴晒，应放于明亮散射光照射的地方。春秋季节可放于东面阳台，夏季可放于北面阳台，或者是有荫蔽的地方。等到土壤有八分干燥后再浇透一次，之后也可以逐渐晒太阳。等多肉的叶片硬挺、饱满时就可以正常养护了。

刚刚换盆的多肉植物容易出现茎秆变软或底部叶片萎缩干枯的现象。这是由于多肉植物的根系受到损伤，根系还不能正常吸收水分。换盆后一周内出现这种情况一般认为是正常的。进入新盆后，多肉植物需要经历2周左右的缓盆才能恢复正常。

需要换盆的几种情况

1 多肉不断长大，植株直径超过花盆直径，花盆已经容纳不下了。

2 随着多肉的生长发育，盆内原有养分已基本耗尽，多肉生长不良。

3 栽培时间比较长以后，盆中养分趋向耗尽，土壤粉末化严重或板结，透气和透水性差，多肉植物极需改善根部的栽培环境。

根系已经长满盆或长出盆外，就需要换盆了。

换盆的时机

多肉植物原产地范围广，生长周期也有很大差别。如大戟科、龙舌兰科、龙树科和夹竹桃科等种类的生长期为春季至秋季，冬季低温时呈休眠状态，夏季一般能正常生长，称为"夏型种"，这类植物在春季3月份换盆最好。

生长季节是秋季至翌年春季，夏季明显休眠的多肉植物，即"冬型种"，如番杏科的大部分种类，景天科的青锁龙属、银波锦属、瓦松属的部分种类等，它们宜在秋季9月份换盆。

其他多肉植物的生长期主要在春季和秋季，夏季高温时，生长稍有停滞，这类多肉植物以春季或秋季换盆为宜。

病虫害防治不可松懈

多肉植物如果长期处于高温潮湿、通风不畅的环境下，就会出现病虫害。尤其在夏季，病虫害多发，这也是很多新人对"度夏"充满恐惧的原因。虽然病虫害的爆发大多在夏季，但对于病虫害的防治可是全年都不能松懈的。

介壳虫

介壳虫是多肉植物中最常见的虫害。温暖、湿润的环境容易爆发介壳虫，介壳虫会吸食茎叶汁液，导致多肉生长不良，且容易诱发煤烟病。介壳虫一般在植株上很少活动，爬行距离有限，不过发现介壳虫后还是应该和其他多肉隔离开比较安全。

发现介壳虫后，建议使用护花神兑水稀释后喷洒植株表面，7 天一次，连续 3 次，基本就能将介壳虫杀灭。介壳虫的防治是非常重要的，每年 3 月初、5 月底、11 月初是防治介壳虫的最佳时机。如果能在这三个阶段喷药防治，基本能全年避免介壳虫的大爆发。

观音莲容易被介壳虫侵袭，应注意提前喷洒护花神等杀虫剂预防。

蚜虫

蚜虫是繁殖最快的昆虫，有绿色和黑色两种。它们吸食茎叶汁液，会妨碍植物生长，导致植株畸形。蚜虫会分泌一种"蜜露"，而蚂蚁非常喜欢食用这种"蜜露"，它们之间是互利共生的关系，所以如果发现有蚂蚁在你的肉肉上活动，你就要多加小心了。

多肉爆发蚜虫的部位通常在花箭上，所以，如果不打算授粉结种子，建议及早摘除花箭。发现蚜虫后可以用护花神喷洒表面，一次即可杀灭。

小黑飞

小黑飞是一种又小又黑的蚊子，学名叫作尖眼蕈(xùn)蚊。小黑飞易生育于潮湿的环境，幼虫以土壤中的真菌藻类为食，土壤中的腐殖质，如未腐熟的鸡蛋壳、茶叶、淘米水等都是幼虫喜爱的食物。

小黑飞成虫对多肉没什么危害，但是它的幼虫会啃食多肉的根系、嫩叶，尤其是播种的小苗最受它们的喜爱，常常吃得精光。对付小黑飞方法比较简便，保持土壤干燥，幼虫在 3 天左右就会死亡。护花神、拜耳小绿药、呋喃丹等杀虫剂都能有效杀灭小黑飞幼虫。对付小黑飞的成虫，可以用粘虫胶纸放置在多肉周围进行捕杀。另外，用颗粒土铺面也能减少小黑飞的产生。

煤烟病

煤烟病是植物常见病之一，主要发生在叶片表层，呈褐色、黑色小霉斑，严重的可导致整株死亡。煤烟病不好治，推荐使用扑海因杀菌剂，每周 1 次，连续 4 次。此病除了潮湿的环境导致外，更多的是由虫害导致的。所以对于防治应双管齐下，杀虫剂和杀菌剂一起使用，按照说明书的稀释比例施用即可。平时养护应注意通风、控水，防治虫害。

黑腐病

黑腐病的主要原因是盆土湿度过大且不透气，造成病菌感染，而使植株从内部开始腐烂。由于病菌是先侵入植株从内部开始腐烂，所以初期表现不明显，一旦发现植株叶片发黄、化水，茎秆发黑，病菌会迅速蔓延，很快植株会整棵黑腐死亡。

在发现叶片化水等病害表现时，应及时采取砍头措施，拯救还未腐烂的部分。特别提醒下，剪掉黑腐的茎秆一定要彻底，直到露出浅绿色的健康茎秆为止。如果不彻底剪掉黑腐的部分，健康的部分很快会被感染。健康的部分应先在多菌灵或其他杀菌溶液中浸泡 5 分钟，再晾干、干土上盆。平时的养护中应特别注意容易黑腐的品种，如静夜、雪莲、玉蝶等，它们的配土可以多些颗粒，增加透水、透气性；还有夏季少浇水，避免盆土长时间湿润；注意通风，通风条件不好的可以使用电风扇，加强空气流通。

冰玉黑腐前的叶片颜色。

第三章
达人养肉秘籍——养出多肉果冻色

养活多肉不成问题了，你又开始头疼另外的问题了，"怎么我养的多肉这么丑""为什么我的多肉没别人家的漂亮"……不用着急，也不用羡慕别人家的多肉，本章就来为你指点迷津，不仅让你养好自己的多肉，还能养出果冻色美肉，迅速跻身多肉达人行列。

好颜色并不一定是好状态

新人很容易被多肉艳丽多彩的颜色吸引，认为多肉颜色漂亮就是好状态。多肉好看的颜色只是好状态的一种表现，其实我们说的好状态并不仅仅指颜色漂亮，还有多肉饱满紧凑的株型和叶片的剔透质感。想要得到这样的好状态，我们需要从了解、认识多肉开始。

认识多肉的状态

很多人在追求好状态的多肉时，总是过分纠结于多肉的颜色，这种心态往往导致多肉在生长期褪色后，主人心理落差大。而从多肉的角度来看，绿色才是它们的本色、健康色。其实，我们在购买多肉时，最应该关注的是多肉植物的健康状况。

根系

健康的多肉首先是无虫害、无病害，根系强健的。网购的裸根多肉，能够非常清晰地看到植株和根系的健康状况。根系多且长的比较强健，根系少的健康状况不佳。

健康的根系。

株型和叶片

株型周正，叶片生长紧凑，饱满有光泽是非常好的状态。相反，如果株型不周正，叶片间距比较大，或者叶片干瘪出现褶皱，就是健康状况不佳的。

蒂亚虽然有颜色，但株型松散。

颜色

最后再来看颜色。一般，我们把颜色亮丽的多肉称之为"好的状态"，而对植物本身来说，这时候它的生长状况是不太好的，因为亮丽的颜色是多肉植物为了抵抗恶劣环境而产生的"保护膜"。这也是为什么大家都说要"虐"（"虐"的前提是根系健康）才会有好状态的原因。

颜色粉嫩的绿爪。

强大的根系是养出果冻色多肉的前提

提醒一下那些对着"别人家的多肉"犯花痴的新手朋友，不要只是羡慕人家多肉的美丽，也不要上来就问有什么秘诀，你的首要任务是把自己手里的多肉养活。在养活多肉的基础上你才有可能养出漂亮的多肉。而养好多肉的先决条件是——强大的根系。

根系的养护

根系是植物吸收营养的途径，如果根系不好，植株的健康就堪忧了。反过来也是一样，如果植株生长状态不佳，两三个月没有长大，很可能是根系出了问题。

养根的第一步是配土，多肉大多喜欢疏松透气，充满小间隙，又有一定保水作用的土壤。前面介绍了多种土壤的特性和作用，可以根据不同土壤的特点配制适合多肉的土壤。土壤合适了，根系很快就能长满花盆了，植株也会欣欣向荣。而粉末化特别严重的，或是纯园土就不太适合多肉，土壤容易板结，根系生长非常困难。

多肉上盆后长新根是比较关键的时期。一般多肉在春季和秋季是比较容易发根的，有些品种可能发根的时间比较长，需要耐心等待。如果你总是忍不住把多肉拔出来看长根了没有，我还是建议你在蛭石中发根，或者水培出根后再上盆栽种。新长出的根系是白色的，有些须根特别细小，就像食物发霉的菌丝一样，千万不要以为是病菌而把它清理掉哦！

疏松透气的土壤有利于根系的生长。

其次就是日常的浇水问题了。浇水一定要见干见湿，不能总是保持土壤湿润，这样根系长期处于水分的浸润中容易腐烂。另外，干燥期不能维持过久，也不建议休眠期完全断水的养护方法。土壤中水分过少，根系会慢慢枯萎，不利于植物生长。我自己尝试过60天没浇水，植株品相非常好看，叶片还比较饱满。但更长时间的断水可能会让植株健康出现问题。

多肉的变色条件

什么样的多肉会让你过目难忘，爱不释手？如果让我说无非就是这两点：株型紧凑，颜色艳丽。所以我们要通过改善养护环境和方法去影响多肉的株型和颜色。那么什么样的因素可以影响多肉的株型和颜色呢，答案是日照、低温和控水。

日照

多肉植物与我们常见的喜阴绿植不同，它们更爱沐浴阳光。日照对于多肉的影响是全方位的，可以说日照是养好多肉的大前提，没有日照，多肉的株型和颜色就无从谈起。这就是为什么露养要比大多数室内养出的状态更好，因为露养具备了充足日照的条件。

不过，每个人的环境不同，并不是所有人都有条件露养，有时候你只能在室内养护，这是客观条件，一般人很难改变。但我可以提供一个建议，就是要找朝南向的窗，那个朝向会满足多肉的日照需求，当然东向的也不错，可以有一上午的阳光。

那么问题又来了，日照是如何影响多肉的株型和颜色呢？这里，我要把日照分成两个部分：日照时长和日照强度。

日照时长

日照时长，顾名思义就是太阳直接照射植物的时间长度(隔着玻璃照射也算直接照射)。前边提到过，日照是养好多肉的基础，这里日照主要指的就是日照时长。多肉植物

玉露需要的日照
时长比景天科多
肉要短。

喜欢日照，日照充足，再配合适度的浇水可以保持株型紧凑，让叶型更肥厚。当日照不足时，为了增加日照的面积，多肉植物的叶片会向下摊开，这就是常说的"摊大饼""穿裙子"；如果这时浇水还比较频繁，土里的水分很难干透，更会让植物长高个，也就是所谓的"徒了"。以上两种情况是很多新手最常遇到的问题，解决的办法就是增加日照时长，干透浇透。干透浇透属于控水范畴，会在之后详细说明（详见本书第 68 页）。

日照强度

日照强度，也就是日照中紫外线的强度。日照强度其实就是所谓的"露养"和"室内"的最本质区别：隔着一层玻璃。大多数室内养护时，玻璃会滤掉大量紫外线。那么，紫外线对于多肉植物真的很重要吗，或者是否不可或缺？

强日照最主要的作用是影响多肉的颜色，适度的强日照可以加深多肉的颜色。有露养经验的人应该深有体会，多肉露养时颜色上得快，而且越来越深，因为植物在强紫外线照射刺激下，会在叶片表面聚集颜色深的有色色素，以阻挡紫外线对表皮细胞的灼伤，所以颜色是由外向内出来的，外部的颜色越来越深。如果过度暴晒，颜色就会变得很"老"很"干"，不水灵。比如红宝石，在室内是绿色的，拿到室外露养一段时间就会很鲜红，时间久了则会变成猪肝色。

紫外线很强时，长时间的照射会灼伤植物的叶片表面，晒黑、晒斑大多发生在夏天和秋天全露养的时候，所以露养的朋友们在夏天应当做遮阴防护措施，可以拉网，可以铺膜，也可以放进玻璃房，目的就是阻挡部分紫外线，以免灼伤多肉植物。

日照强度过大导致红
宝石颜色偏暗红色。

低温

低温对于颜色的影响至关重要，也是形成果冻色的核心因素。

为什么露养的多肉植物容易出状态？不是说我们扔到室外就可以出好的状态，要分析为什么扔到外面，扔到什么样的外面会出状态，因为大多数露养环境具备了长日照、强日照、低温、通风(加速干透，属于控水) 这些客观因素。

之前提到过日照强度影响多肉叶片外部颜色，而低温则可以改变多肉本身颜色。低温可以降低多肉植物叶片中的叶绿素含量。叶绿素长期的减少让叶黄素、胡萝卜素、花青素这些有色色素显现出来，所以我的飘窗在冬天时，或很多地区春秋露养时，因为具备了低温，多肉的颜色会出得很快、很好。而这种颜色是植物本身出来的，所以配合弱光日照和细心的养护，可以养出通透干净的果冻色。

当然，低温不要低于0℃，我建议比较适合的温度是在5~10℃。

控水

控水总会被很多肉友提到，那如何理解控水呢？其实很简单，控水实际就是控制土壤里的水分。与日照和低温这些客观因素相比，控水是完全被自己掌控的。因此，想要提升自己的养功就要从控水开始。

如何控水

我们常说"浇水十年功"，其实最难的就是浇水，浇水是养植物的必修课。之所以把浇水说成控水，还是因为多肉植物的习性，多肉植物原产地大多是在南非、墨西哥，那里日照强、干旱、温差大。那么回到我们自己的环境，我始终认为养多肉要掌握两部分，一是认识多肉植物本身，了解习性，二是观察熟悉自己的养护环境。既然我们已经了解原产地的条件，那么我们就要看自己是否有接近这些因素的环境，所以这才诞生了"露养""颗粒土""干透浇透"这些合理养护的名词。没错，控水的核心就是"干透浇透"。

为什么要干透浇透

为什么要干透？这里干透是指浇了水，植物根系喝水满足后，土壤里多余的水分干掉的过程。浇水后，土壤快速干透有利于根系在土壤里进行有氧呼吸，如果土壤还没干透又浇水，土壤里一直有多余的水分，根系在水中长时间"泡"着只能无氧呼吸，这样会出很多问题，多肉叶子会化水，进而导致真菌感染，最终黑腐。

为什么要浇透？因为多肉根系生长具有向水性，如果只是浇了表面一层水，根系会追着土表的湿度向上生长，所以要浇透，水自上而下，植物的根系也会随着向下生长。

湿度

湿度要单独拿出来说，可能很多人都会忽略这个因素，或者说，在很多人看来，湿度并不是一个积极的因素。

多肉不怕高温，怕的是高湿

为什么到了夏天，很多新手会伤亡惨重，黑腐一大片？大多数可能有以下几种情况，或单独成因，或交叉作用：

配土的保水性较好；

盆器的材质不透气；

浇水过于频繁；

通风差。

这些情况的共同点就是造成养护环境湿度大，这样在夏天的高温下就形成了所谓的高湿环境，高湿环境就容易引发黑腐或其他问题。

湿度有恶魔的一面，也有天使的一面

那么湿度只是一个消极的因素吗？显然不是。湿度有恶魔的一面，也有天使的一面。

以我的飘窗为例，在飘窗环境最优越的冬季，日照时间可达6~8小时，还有5~8℃的夜间低温，最重要的是白天湿度小，夜间湿度大，可以达到90%以上的湿度。

很多朋友说我的多肉颜色是果冻色，但我更认同一位网友对我的多肉颜色的描述：糯。

而这种"糯"的形成，除了保持叶片表面粉的完整，就是依靠夜间大湿度，让多肉的颜色更润、更光滑，好像美图软件里的磨皮效果。

听过不少人说，我明明干透浇透，也不见肉肉长肥，只要控水植物就干巴巴的，如果是这样，可以基本判定两种情况，要么根系有问题，要么环境比较干燥。所以在长日照、弱光、低温的环境下，果冻色形成的最后一道工序就是加大夜间湿度。

每个人都希望养出极致状态，不过所有的极致状态都是游走在生死边缘的。所以如何适度的"虐"，如何寻找到生长和状态的平衡点才是养多肉最难的。

室内环境养出果冻色的秘密

多肉圈里一直有"室内养不好多肉"的说法。大部分室内环境养护的多肉的确没有室外露养的多肉颜色艳丽，但这并不代表室内养不出好的状态。只要了解了多肉的习性和自己的养护环境，同样能把多肉养得更美、更好。

室内养护误区

新人在养多肉的路上会遇到很多问题，在求助时，也可能会被一些似懂非懂的人误导。也有一些人会问我用的什么土，比例是多少，多久浇一次水，其实我想说的是，即便同是室内养护，我的配土和浇水频率也不一定就适合你。

✖ 照搬大神的配土准没错

这个误区相信很多人都有过。照搬大神的配土比例是比较省心省力的事情，也能把多肉养得比较好，但是由于地理气候因素不同，你未必能如愿养出肥美的多肉来。即便你照搬的是相同坐标的某大神的配土和浇水方法，但是因为养护环境的不同，还有花盆材质的不同，你也未必能养出像大神一样状态出色的多肉。真心喜欢多肉、爱多肉，还是要根据自己的养护环境慢慢摸索，调配出适合自己多肉的配土。

✖ 室内环境浇水不能浇透

室内环境与露养环境相比，通风条件差一些，所以，一些人认为每次浇水不能浇透，否则会造成盆土长时间湿润，根部容易沤烂。如果你曾经出现过这种情况的话，估计不仅仅是通风不良造成的，还跟土壤的透气性差或者花盆不够透气有关。一般多肉浇透水后，大部分水分能够比较快的蒸发，只有少部分还存留在土壤中，并不至于烂根。

✖ 隔着玻璃晒太阳养不出好状态

很多人认为室内之所以养不好多肉，是因为玻璃的阻挡，造成光照减少。这其实是一个很大的误区。通过前面关于日照时长和日照强度的介绍（详见本书第66页、第67页），大家应该了解了照时长和日照强度对多肉状态的影响了。隔着玻璃晒太阳其实只是减轻了日照强度，只要日照时长有保证，加上合理的养护，一样能养出美美的多肉。

相对稳定的环境

最佳的养护环境其实是在户外，我们大部分人所居住的大环境的露天条件，比多肉植物原产地的条件好很多。虽然说露养在多肉上色方面占据优势，但是，暴雨、冰雹、霜冻等无常的天气会对多肉造成致命的打击。而且露养环境出状态，基本靠自然气候，室内养护则不然，可控因素相对较多，单从这一点来说，室内养护是优于露养的。

室内养护可控的主要因素是温度和湿度，这在夏天和冬天非常明显，尤其是在北方。比如夏天，天气太过炎热的话，室内可以打开空调降温，同时也会降低湿度，这样肉肉度夏比较容易。冬季呢，北方有暖气可以非常容易的保持较高的温度，就不用担心冻害了。

不过，北方的朋友千万注意，不要为了多晒半个小时的太阳，就把多肉搬出去，晚上再搬进来。这样做无疑是让多肉经受残酷的"冰与火"的洗礼。北方冬季正午的室外气温大概是 10℃左右，有些时候更低，而室内温度普遍能达到 25℃左右，虽然温差比较大，但是是白天冷而晚上热，这跟自然的气候完全颠倒了，自然不利于多肉生长。再说，从室内搬到室外，或者是从室外搬回室内，都是骤然产生的温差，多肉来不及适应这样的变化，会发生叶片发皱的情况。

适当的日照强度

要说所谓的"果冻色"，紫外线对于养出果冻色有什么样的影响呢。前边提到过度的强日照会让多肉颜色加深，当叶片外部颜色越来越深，这样就会遮挡住多肉本身的颜色，这种由外自内出的颜色是不可能有那种透透的果冻色。果冻色是颜色比较淡，很透，是一种颜色由内而外出来的状态。如果叶片外部的颜色很深很"干"，当然是无法养出果冻色的，但不是说只要露养就出不来果冻色，凡事要把握度，养多肉也是如此，只要不晒大了，适度强日照的露养也可以养出透透的果冻色。

第四章
Q萌多肉的个性养护

多肉植物品种繁多，每一种都有自己的独特个性。本章将为你介绍多肉圈里流行品种的个性养护，让你从了解多肉的习性开始，一步一步养活多肉，养好多肉，养出五彩缤纷的多肉。另外每个品种都有"阿尔的心得"与你分享养出果冻色多肉的秘诀。关于多肉的拉丁文名称存在很多争议，所以本章中的多肉名称只采用大家最熟知中文名字，有些品种中文名字较多的会标注别名。

"养护一点通"图示：

💧 表示多肉品种的相对需水量，1个水滴表示非常耐旱，5个水滴表示非常喜水。

☀ 表示多肉品种所需要的相对日照时长，1个太阳表示比较喜阴，5个太阳表示喜欢长日照。

⭐ 表示出状态的难易程度，1个五角星代表非常容易，5个五角星代表非常困难。

书中所示浇水频率和日照时长并非精确的数字，而是品种间相对的喜水、喜光程度，可作为日常养护的参考。

新手入门系——超好养活

白牡丹

景天科 风车草属 × 拟石莲花属

喜阳光充足的环境，不耐寒，耐干旱和半阴。叶子呈卵圆形，先端有小尖，肉质肥厚，株型是标准的莲座状。生长季的颜色为灰白色或浅绿色，秋冬季节温度降低、温差大、日照充足的情况下叶片会呈现粉红色。

养护进阶

新人一养就活：白牡丹可算得上是多肉中的经典品种，几乎人人必备。春、秋、冬三季适度浇水，夏季控制浇水，盆土保持干燥。35℃以上需要遮阴，不然会有晒斑，5℃以下应在室内养护。白牡丹不仅好养活，还特别容易繁殖，叶插一周内就会出根出芽，而且成活率特别高。

养出好状态：白牡丹喜欢颗粒较多的沙质土壤，光照越充足、温差越大，株型和颜色才会越漂亮。白牡丹夏季生长速度快而且容易黑腐，应注意减少浇水量，拉大浇水间隔，让土壤保持干燥，才能控制株型，避免徒长。深冬和初春是白牡丹最容易出状态的时候，注意控水就能有比较好的状态。

阿尔的心得：好的株型和粉嫩的颜色是依靠全年严格的控水来达到的，当然前提条件是有足够长的日照时间。春秋季节基本上1个月只需浇水1次，夏季和冬季1个半月浇1次。浇水频率只作为参考，应视多肉的状态给水，在底部叶片出现微皱时浇水是比较适当的。

相似品种比较

雪域：白牡丹叶片肥厚，叶尖比较钝，雪域叶片较薄，叶尖比较明显。

红粉佳人：不出状态时比较容易混淆。红粉佳人叶片为灰蓝色，白牡丹是浅绿色，而且红粉佳人的成株个头更大。

春　2015.03.03

夏　2015.07.24

秋　2015.11.28

冬　2016.01.30

养护一点通

浇水频率：🌢🌢🌢🌢🌢

日照时长：☀☀☀☀☀

出状态难度：⭐⭐⭐⭐⭐

耐受温度：5~35℃

休眠期：冬季

繁殖方式：叶插、扦插

常见病虫害：病虫害较少

极致状态

一般状态

虹之玉

景天科 景天属

别名"耳坠草""圣诞快乐",喜温暖和阳光充足的环境,稍耐寒,怕水湿,耐干旱和强光。春夏是主要生长季,生长速度快,老桩容易长气根。生长季叶片为绿色,秋冬日照充足可整株变红。

个性养护

　　夏季高温强光时,适当遮阴,肉质叶呈亮绿色。但遮阴时间不宜过长,否则茎叶柔嫩,易倒伏。秋季可置于阳光充足处,叶片由绿转红。冬季室温维持在10℃最好,减少浇水,盆土保持稍干燥。

养护一点通

浇水频率:💧💧💧💧💧
日照时长:☀☀☀☀☀
出状态难度:⭐⭐⭐⭐⭐
耐受温度:10~35℃
休眠期:全年都可生长,休眠期不明显
繁殖方式:叶插、砍头
常见病虫害:病虫害较少

虹之玉锦

景天科 景天属

虹之玉的锦化品种,形态、习性都和虹之玉类似,秋冬季节叶片会变成粉红色,夏季叶片会带有白色或浅粉色斑锦。生长速度比虹之玉慢,叶插繁殖时可能出现退锦现象,就是叶插小苗可能没有锦,形态和虹之玉一样。

个性养护

　　虹之玉锦习性强健,耐高温、强光,但日照强度过高会造成晒伤,夏季35℃以上需要遮阴。培养介质以疏松肥沃、排水良好的沙质土壤为佳,春秋可以适当浇水,冬季应保持盆土干燥。栽培过程中少搬动,肉质叶易碰撞掉落。控制用肥,防止茎叶徒长,影响株型。

养护一点通

浇水频率:💧💧💧💧💧
日照时长:☀☀☀☀☀
出状态难度:⭐⭐⭐⭐⭐
耐受温度:10~35℃
休眠期:全年都可生长,休眠期不明显
繁殖方式:叶插、砍头
常见病虫害:病虫害较少

黄丽

景天科 景天属

喜温暖、干燥和阳光充足的环境。耐半阴，但不适合长期放在半阴处，易使叶片松散，影响观赏；忌强光暴晒和积水。叶匙形，排列成莲座状，叶表绿色，适度的温差和低温、充足日照条件下，叶缘转变为黄色。

个性养护

　　黄丽习性强健，对土壤要求不高，河沙加园土的配土也能很好地生长。耐干旱，忌大水大湿，生长期盆土保持稍湿润，夏季高温时应保持略干燥。黄丽非常容易徒长，尤其在夏季，此时应注意控水和加强通风。

养护一点通

浇水频率：💧💧💧💧💧
日照时长：☀☀☀☀☀
出状态难度：⭐⭐⭐⭐⭐
耐受温度：5~35℃
休眠期：全年都可生长，休眠期不明显
繁殖方式：叶插、砍头
常见病虫害：病虫害较少

铭月

景天科 景天属

喜温暖和阳光充足的环境，耐半阴，也耐干旱。光照充足时叶片会变金黄色。外形跟黄丽相似，区别在于黄丽叶片肥而短，铭月叶片薄而长。两者的习性近似，多年株可匍匐、垂吊生长。

个性养护

　　春秋为生长旺季，浇水宜见干见湿，可大水浇灌。适应露养的铭月夏季也可以不遮阴，冬季保持5℃以上可安全过冬。室内养护应尽量增加日照，加强通风，适当控水。多年生老桩可搭配高盆，做垂吊造型。

养护一点通

浇水频率：💧💧💧💧💧
日照时长：☀☀☀☀☀
出状态难度：⭐⭐⭐⭐⭐
耐受温度：5~35℃
休眠期：全年都可生长，休眠期不明显
繁殖方式：叶插、砍头
常见病虫害：病虫害较少

红色浆果

景天科 景天属

像是缩小版的虹之玉，无论是形态还是习性都比虹之玉更好一些，当然价格也比虹之玉高。二者极为相似的外形特别容易让人混淆，其实把它们放一起，一眼就能看出区别，红色浆果要小一些，叶片更短小、密集，颜色更果冻，有透亮感。

养护进阶

新人一养就活：红色浆果的习性比虹之玉更加强健，耐旱，耐高温，不耐寒，喜欢阳光充足、通风良好的环境。给水应见干见湿，夏季注意遮阴，保持盆土干燥，比较容易度夏。土壤选择透气、疏松的比较好，尤其南方梅雨季节应注意不要积水。繁殖主要是叶插和砍头。

养出好状态：红色浆果比较容易徒长，春秋生长季应控制浇水频率，增加日照时间，让株型更加紧凑。如果徒长了也可以塑造成垂吊型，装饰效果也不错。大比例的颗粒土配土配合适当的控水，能够让叶片更加圆润，株型更加紧凑。想要在秋冬季节养出通透的颜色，除了需要长时间的日照外，还要注意日照强度。夏末秋初的晴朗天气也需要适当遮阴。

红色浆果夏季为绿色，秋冬可转变为鲜艳的红色。

养护一点通

浇水频率：💧💧💧💧💧
日照时长：☀☀☀☀☀
出状态难度：⭐⭐⭐⭐⭐
耐受温度：10~35℃
休眠期：全年都可生长，休眠期不明显
繁殖方式：叶插、砍头
常见病虫害：病虫害较少

阿尔的心得：红色浆果习性跟虹之玉相似，非常好养，如果想要养出透亮的红色，还是需要根据植株状态浇水，加快盆土干燥速度，提高环境的通风性。

—— 养护方法相近品种：塔洛克

初恋

景天科 拟石莲花属

喜欢温暖、干燥和阳光充足的环境。抗旱性比较强，较能耐高温，但夏季也需要适当遮阴。叶片较薄，颜色不均匀，表面有薄薄的白霜覆盖，秋冬正常养护就可呈现粉红色，宛若陷入初恋的少女。日照不足或浇水过多叶片会变灰绿色、叶片宽而薄，品相难看。

养护进阶

新人一养就活：初恋习性强健，对土壤要求不高，是非常适合新人练手的品种。叶插出芽成活率接近百分之百，而且特别容易出多头，小苗也非常容易带大。生长期浇水可每周 1 次，每次可浇花盆容积 1/3 的水量。阴雨季节和冬季可以 1 个月浇 1 次。

养出好状态：初恋是比较容易上色的，只要每天保证 4 小时以上日照，夏季遮阴也会有淡紫色。秋冬季节，可以露养的地方就能养出比较粉嫩的状态，室内养的话，需要在秋季逐渐开始进行控水，到冬季会呈现比较好的状态。想要养出大图的粉嫩和肥厚的叶片，还需要长期控水，维持稳定的养护环境和规律的浇水周期。

阿尔的心得：初恋出状态很容易，生长速度也比较快，使用大的花盆会让它长得更快，叶片也会相对更宽。建议使用较小的花盆，并逐渐减少浇水次数，常年接受充足日照，这样其叶片会变得厚实、短小，颜色也会更粉嫩。

一般状态

极致状态

初恋叶片一般为宽长形，控水可以塑造出又肥又短的叶片。

养护一点通

浇水频率：

日照时长：🌞🌞🌞🌞🌞

出状态难度：⭐⭐⭐⭐⭐

耐受温度：5~35℃

休眠期：全年都可生长，休眠期不明显

繁殖方式：叶插、扦插

常见病虫害：介壳虫

大和锦

景天科 拟石莲花属

喜温暖、干燥和阳光充足的环境。不耐寒,耐干旱和半阴。大和锦呈莲座状,叶片是三角状卵形,先端急尖,叶面灰绿色,有红褐色斑点。阳光充足、温差大时,会变成红褐色。耐旱性强,但生长速度缓慢。

极致状态

一般状态

大和锦一般的状态为褐色,叶片变橙红色很难得。

阿尔的心得:大和锦非常喜光,所以增加日照时长和强度是养出好状态的关键。如果日照时长低于 4 小时,就很难达到理想状态了。养护环境日照不足,如果又有时间的话,可以 1 天搬动 2 次,尽量增加日照时长。前提是在相同环境下,不建议室内和室外的搬进搬出。

养护进阶

新人一养就活:大和锦是非常喜欢日照的品种,可耐受高温和几小时的暴晒。由于本身叶片储水能力强,非常耐旱,所以不喜潮湿的环境,切忌经常浇水或大水漫灌。夏季高温时更要减少浇水量,湿热的环境容易导致黑腐病。繁殖可选择砍头和叶插,成功率比较高。砍头下刀比较困难,非常考验刀工,新人首选叶插繁殖。多年生的老桩很容易掰叶子,叶片紧凑的话可以在换盆时摘取底部叶片。

养出好状态:若大和锦叶片排列紧密,叶缘和斑点呈红色就是不错的状态了。可选择颗粒比例较大的配土,春秋季每月浇水 1次,夏季可半月浇水 1 次。大和锦生长缓慢,施肥更应该薄肥勤施,不然容易导致叶片间距拉长,叶片下垂,株型稀松,影响美观。

养护一点通

浇水频率:💧💧💧💧💧

日照时长:☀☀☀☀☀

出状态难度:⭐⭐⭐⭐⭐

耐受温度:5~35℃

休眠期:夏季高温短暂休眠

繁殖方式:砍头、叶插

常见病虫害:病虫害较少

小和锦

景天科 拟石莲花属

是大和锦的杂交品种，习性和大和锦很像，喜温暖、干燥和阳光充足的环境。跟大和锦相比，小和锦个头较小，叶片相对较窄，排列更加密集，叶型稍柔和一些。昼夜温差大且日照充足时，叶缘会是红色。

养护进阶

新人一养就活：小和锦习性强健，耐干旱，既可接受太阳直射，也耐半阴，属于不太容易徒长的品种，但是生长速度非常慢。和大和锦一样非常喜欢日照，除了盛夏需要短暂遮阴外，其余时间均可全日照。不喜欢大肥，春秋生长季可以薄肥勤施，注意肥料要比其他品种更少一些。浇水见干见湿，最好使用盆底有孔的花盆，避免积水烂根。叶插生长比较缓慢，主要靠砍头或分株繁殖。

养出好状态：光照时间越长，叶片颜色越亮，叶片越向内聚拢，株型越紧凑。盆土过湿容易导致叶片松散、下垂，还容易烂根。栽培介质一定要排水性、透气性良好才能养出好状态。室内养护更要注意盆和土的透气性，有必要的话可以人工加强通风。

一般状态

极致状态

小和锦的一般状态为红褐色，变成粉红色的很少见。

养护一点通

浇水频率：💧💧💧💧💧
日照时长：☀☀☀☀☀
出状态难度：★★★★★
耐受温度：5~35℃
休眠期：夏季高温短暂休眠
繁殖方式：砍头、分株、叶插
常见病虫害：病虫害较少

阿尔的心得：除了要用颗粒比例较大的土壤栽植，浇水见干见湿外，小和锦跟大和锦一样需要充足的日照，没有长日照的基本条件，想养好它还是很困难的。

养护方法相近品种：——
苯巴蒂斯

火祭

景天科 青锁龙属

夏季为绿色,秋冬和初春能够整株变成火红色,非常亮眼。喜温暖、干燥和半阴的环境,耐干旱,怕积水,忌强光。多年生长可形成垂吊型。火祭开花是从中心点生长出来的,花星状,白色,非常素雅。青锁龙属的多肉开花都很漂亮,或清新或素雅,值得一观。

养护进阶

新人一养就活:火祭大概是很多人第一次入手的品种,因为它美丽好养,还很便宜。火祭超级好养,对水分不敏感,多点少点都不影响成活;对土壤也要求不高,纯营养土能活,纯园土也能活;全年不施肥生长速度也很快,春秋施薄肥可使叶片更宽大肥厚,观赏价值更高。繁殖方式主要是砍头,砍头后会从多个叶片基部生出侧芽,满满一盆"红红火火"的造型很适合过年摆放。

养出好状态:对于火祭完全可以采取粗放式的管理,全露养是最好的,自然的气候就能把它们塑造得很美。如果有一段时间都是阴雨连绵的天气,就需要让它们避避雨了,以免长期泡在水里,被真菌寄生而腐烂。室内养护应注意通风,等底部叶片变软后再浇水。

阿尔的心得:火祭在半阴的环境下也能生长,但是容易徒长。充足的日照、凉爽、干燥的环境才是火祭最喜欢的。火祭生长两三年株型会特别乱,可以适当修剪枝条,或修剪成瀑布似的垂吊下来,或者把徒长的枝条剪短,促生更多新芽,营造"红红火火"的爆盆感觉。

极致状态

一般状态

火祭在秋、冬、春三季都呈现火红色,小图为夏季状态。

养护一点通

浇水频率: 🌢🌢🌢🌢🌢

日照时长: ☀☀☀☀☀

出状态难度: ⭐⭐⭐⭐⭐

耐受温度:5~35℃

休眠期:夏季高温休眠,但不明显

繁殖方式:砍头

常见病虫害:病虫害较少

蓝石莲

景天科 拟石莲花属

也称"皮氏石莲花"，市场上常见的有两种蓝石莲，一种称为"皮氏蓝石莲"，一种为"皱叶蓝石莲"，区别就是后者叶片有明显褶皱。蓝石莲属于中大型的多肉，冠幅可达 10~15 厘米，叶片常年呈蓝白色，秋冬季节叶缘会变得粉红一些，夏季需要适当遮阴。

养护进阶

新人一养就活：蓝石莲属于比较皮实的品种，但非常容易徒长，所以新手在养护时一定要少浇水，春秋两季可 20 天左右浇 1 次，夏季和冬季可 1 个月浇水 1 次，或者选择颗粒比较多的配土。叶插出根出芽率也比较高，掰叶片时容易掰断，应在盆土比较干燥时或在翻盆、砍头时进行。

养出好状态：如果有好的露养环境，直接露养就能养出比较好的状态了。室内养护应选择阳光最好的位置，遵循见干见湿的浇水原则。想要得到更好的状态，就要从土壤、浇水、日照、通风各个方面全面把控，使用纯颗粒土，严格控水，放在阳光充足且通风处养护。

阿尔的心得：蓝石莲缺光特别容易徒长，所以应给它尽可能长的日光照射。想要养出粉红色其实也比较容易，增加颗粒土比例，增加日照时长就可以了。如果想要叶片肥厚、粉嫩起来就必须具备长日照、大温差和低温的外在条件，并且要严格的控水。

养护一点通

浇水频率：💧💧💧💧💧
日照时长：☀☀☀☀☀
出状态难度：⭐⭐⭐⭐⭐
耐受温度：5~35℃
休眠期：全年生长，休眠不明显
繁殖方式：叶插、砍头
常见病虫害：介壳虫、黑腐病

大部分时候蓝石莲都是蓝灰色，养护得当叶片才会变得粉嫩。

黑王子

景天科 拟石莲花属

喜欢温暖、干燥和阳光充足的环境，不耐寒，耐半阴和干旱。黑王子比较喜欢日照，但不喜欢暴晒，夏季应适当遮阴。光照越多，叶片颜色越发黑亮，长期光线不足叶片颜色会变绿，且株型松散。生长旺盛时，叶片中心也会出现绿色。

养护一点通

浇水频率：💧💧💧💧💧
日照时长：☀☀☀☀☀
出状态难度：⭐⭐⭐⭐⭐
耐受温度：5~30℃
休眠期：夏季短暂休眠
繁殖方式：叶插、砍头
常见病虫害：介壳虫、煤烟病

黑王子真的名副其实，秋冬光照充足可变得黑亮黑亮的。

养护进阶

新人一养就活：黑王子特别皮实，纯河沙都可以养活，新人只要不经常浇水，养活它问题不大。黑王子夏季会短暂休眠，所以休眠期最好断水，或者沿着盆边少浇些水，让盆土稍微有些水分。另外，黑王子叶插也是非常容易的，它开出的花箭上面的小叶子发芽成活率都很高，是新手练习叶插的好选择。

养出好状态：黑王子出状态很容易，每天保证4小时日照，适当浇水，注意通风，就能养出紧凑的株型和黑色有质感的叶子了。需要注意的是，土壤应选择疏松透气的沙质土壤，并且颗粒成分不能太多，否则叶片消耗的速度会比较快。夏季要避免暴晒，否则容易晒伤。

阿尔的心得：喜欢黑亮黑亮的黑王子的话，你就要多给它晒太阳。如果给它加层防晒网或者隔着玻璃晒，养出的颜色可能会是红咖色或者咖啡色。

养护方法相近品种：
巧克力方砖

蜡牡丹

景天科 拟石莲花属

喜温暖、干燥和阳光充足的环境。蜡牡丹叶片很有特色，卵圆形或心形，新叶密集生长时看似有点畸形，叶片表面有油亮光泽，仿佛打了一层蜡一样。叶片通常为绿色，当温差增大，光照充足时，会转变成红色，有些会变成金黄色。

养护进阶

新人一养就活：蜡牡丹喜欢疏松透气的沙质土壤，水多容易徒长，应把它放置在阳光充足、通风良好的位置养护。夏季注意控水、通风、遮阴，冬季气温低于5℃应移至室内养护，并且放在向阳的温暖处，但不可放在暖气旁，以免温度过高，水分蒸发过快，导致浇水过频，植株徒长。

养出好状态：蜡牡丹是比较好养活的品种，对水分需求不大，尤其是多年生的木质化老桩。对于土壤，可选择颗粒比重占七成左右的配土，能够较好地透水透气，有利于株型的紧凑和根系的生长。秋冬季节尽量让它晒太阳，遵循见干见湿的浇水法则，就能获得比较好的颜色，叶片的光泽度也会有所提高。

阿尔的心得：蜡牡丹几乎全年都可生长，在春、夏、秋三季注意合理浇水，春秋两季适当施肥，注意养好根系，等到冬季便可以放心的控水，拉大浇水间隔了。冬季室内温度保持在10~15℃，湿度在50%左右，可以连续50天不用浇水。如果日照强度合适，日照时间足够，叶片就会呈现出果冻黄色，而如果日照强度太大，叶片会变成红色，叶片通透性差。

小图为一般状态的蜡牡丹，出状态后蜡牡丹叶片会逐渐变红色或橙色。

养护一点通

浇水频率：💧💧💧💧💧
日照时长：☀☀☀☀☀
出状态难度：⭐⭐⭐⭐⭐
耐受温度：5~35℃
休眠期：全年都可生长，休眠期不明显
繁殖方式：砍头、叶插
常见病虫害：病虫害较少

紫珍珠也特别耐旱，控水力度可以大些，养护方法与蜡牡丹近似。

格林

景天科 风车草属 × 拟石莲花属

单头直径可达 10 厘米，易生侧芽，多年株茎秆会木质化。叶片呈莲花座形排列，蓝绿色或淡绿色，有白霜。阳光充足的冷凉季节，叶缘会呈现出粉红色，整个叶片也会是粉绿色，微微有点透明的感觉。一般会在春季抽生花箭，花序杂乱呈网状，花呈淡黄色，钟形。

养护进阶

新人一养就活：格林的习性较为强健，对土壤、水和肥都要求不高。一般选择透气良好的疏松土壤即可，颗粒比例也没有严格要求，浇水见干见湿，春秋季节可以施用薄肥。夏季高温需要遮阴，注意通风。叶片出现化水情况，要加强通风，及时让土壤变干燥。一般采用叶插繁殖，也可以砍头或分株繁殖。

养护一点通

浇水频率：💧💧💧💧💧
日照时长：☀☀☀☀☀
出状态难度：⭐⭐⭐⭐⭐
耐受温度：5~35℃
休眠期：全年都可生长，休眠期不明显
繁殖方式：叶插、砍头、分株
常见病虫害：病虫害较少

养出好状态：格林叶片较厚，非常耐旱，所以不需要经常浇水。适当地控水，让植株处于缺水状态一段时间，再充分给水，可刺激植株更多地吸收水分，叶片也会更加饱满。通常情况下，多肉养得时间越久，越容易出状态，即使在夏季多肉的状态也比较好。就算没有颜色，起码株型还可以保持。

阿尔的心得：格林需要接受长日照，每天最少 4 小时日照，这样才能保持紧凑的株型和漂亮的颜色。想要养出水嫩的果冻色，就不能让它处于高强度的日光照射下，紫外线强度较轻的长时间日照反而能令颜色更粉嫩。

乙女心

景天科 景天属

喜欢疏松、排水良好的土壤，日照充足、干燥、通风的环境。夏季超过35℃会进入休眠状态。新人常常会将它与八千代混淆，乙女心叶片肥厚，温差大时叶顶端一部分会变红，茎秆上的叶痕明显；八千代叶片相对细长，叶片是嫩绿色，变色的范围很小，茎秆光滑。

养护进阶

新人一养就活：乙女心在18~25℃的温度下生长旺盛，喜欢长日照，对水分要求不严格，但不能使用保水性太强的配土。乙女心也非常好繁殖，叶插很容易成活，但是生长比较慢，通常采用砍头或分株的方式繁殖，容易成活，而且生长迅速。

养出好状态：春季乙女心开始迅速生长，不加强日照或者浇水太勤，会导致茎秆生长过快，叶片变得稀疏，所以春季需要控制浇水量，增加日照时长。夏季休眠期应注意通风、控水和遮阴，如果天气闷热需要借助电风扇或其他设备增强通风。露养的也要小心连续的阴雨天气。通常深秋是乙女心状态最美的时候，这时候的管理应注意盆土应经常处于干燥状态，切忌频繁小水浇灌。

阿尔的心得：乙女心缺光时，叶片会下垂，而且叶心会非常难看。如果营养和光照供应不足，也会出现叶子生长短小的情况。所以，乙女心最好能够接受长日照，而且营养供应要充足。虽然颜色红了，但是不粉嫩的情况，需要浇水浇透，或者采用浸盆的方法浇水，然后一段时间内要保持盆土干燥。

养护一点通

浇水频率：💧💧💧💧💧

日照时长：☀☀☀☀☀

出状态难度：⭐⭐⭐⭐⭐

耐受温度：5~35℃

休眠期：全年都可生长，休眠期不明显

繁殖方式：砍头、分株、叶插

常见病虫害：病虫害较少

鲁氏石莲花

景天科 拟石莲花属

一种非常美丽的石莲花。叶型和玉蝶很像，但叶片比它厚，而且白霜也比较厚。秋冬季节，叶缘可能会带一点粉色或黄色。生长速度比较快，容易群生。喜欢疏松、透气的土壤和温暖、干燥的环境，夏季高温有短暂休眠，冬季高于5℃可安全过冬。

养护进阶

新人一养就活：充足的日照会使叶片更加饱满，春秋可适度施肥，浇水应见干见湿。夏季35℃以上需要遮阴养护，并适当控水，加强通风。连续的阴雨天气需要遮雨，雨过天晴后避免阳光暴晒，否则很容易被晒伤。应放置在通风且背光的地方，等植株逐渐适应高温后，再逐渐接受较强的日照。南方冬季需要注意防寒，可放在日照充足又背风的地方。或者可以搭建一个暖棚，能更安心地度过冬季。北方的朋友最好在气温接近5℃的时候就搬入室内吧。鲁氏石莲花的繁殖能力强，叶插成活率比较高，砍头也容易成活。另外还可以播种，但生长成成株的时间比较漫长。

养出好状态：经常用喷雾的方式浇水，会使叶片变薄，株型松散，而且也会在叶片上留下难看的痕迹。应该沿着盆边，或采用浸盆的方式彻底浇透，然后让盆土有一段时间处于干燥的状态下，这样才能把叶子养肥，株型也会更紧凑。

阿尔的心得：鲁氏石莲花是比较小型的石莲花，用直径小一些的花盆栽种，能比较容易控制株型。增加日照时间能让叶片更紧凑，见干见湿地浇水可以让叶片更饱满。

极致状态

一般状态

鲁氏石莲花的状态变化也非常大，有些人会把两种不同的状态认为是不同的品种。

养护一点通

浇水频率：💧💧💧💧💧

日照时长：☀☀☀☀☀

出状态难度：⭐⭐⭐⭐⭐

耐受温度：5~35℃

休眠期：夏季休眠

繁殖方式：叶插、砍头、播种

常见病虫害：病虫害较少

蒂亚

景天科 景天属 × 拟石莲花属

别名"绿焰"，喜欢阳光充足、干燥通风的环境，非常好养的品种。生长季叶片为绿色，秋冬冷凉季节露养会呈现叶缘火红、叶基翠绿的形态，这也许是"绿焰"名字的由来吧。蒂亚生长速度快，易群生。花期在春季，花白色、钟形，多个花箭一起开放十分清新雅致。

养护进阶

新人一养就活：蒂亚的习性非常强健，室内养护需要充足日照，并配以沙质土壤，增加通风。蒂亚对水分不敏感，浇水多少都不影响成活，盆土七八分干燥也可浇水。蒂亚的繁殖能力也非常强，叶插、砍头都可以，并且成活率也是出奇的高，是非常适合新人养的一个品种。

养出好状态：养活蒂亚很容易，想要养出火红的"绿焰"还是需要下一番功夫的。每天日照时长保持在5小时左右，浇水可在底部叶片明显发皱后进行。室内养护，秋季要开窗，增大温差；冬季也可适当开窗，不要开正对着多肉的窗户。如果早晚温差达不到10~15℃，是很难养出好状态的。

阿尔的心得：室外全露养的蒂亚在秋冬季会变得很红，但是这种红色是比较浓烈的。而我养的色调会

养护一点通

浇水频率：🌢🌢🌢🌢🌢
日照时长：☀☀☀☀☀
出状态难度：★★★★★
耐受温度：5~35℃
休眠期：全年都可生长，休眠期不明显
繁殖方式：叶插、砍头
常见病虫害：病虫害较少

柔和很多，外缘是鲜嫩的红色，叶片基部是黄绿色。如果想要得到这种果冻色就需要室内养护，隔着玻璃晒，降低紫外线强度。

迈达斯国王

景天科 厚叶草属 × 拟石莲花属

叶片肥厚，呈莲花形排列，叶长匙形，先端急尖。日常为淡蓝绿色，秋冬冷凉季节叶缘会转变为粉红色。喜欢温暖、干燥、日照充足且通风良好的环境，耐干旱，也耐半阴。生长速度较快，2年内可培养成老桩。光照不足容易徒长，茎秆柔软细长。

养护进阶

新人一养就活：迈达斯国王是比较好养活的品种，浇水的原则是"不干不浇，浇则浇透"。春秋可适当增加浇水量，冬夏要减少浇水量，沿盆边缓慢浇水。叶插成功率非常高，适合新人练手。可摘取底部健康叶片进行叶插繁殖，春秋季节进行砍头也非常容易成活。

养出好状态：生长速度快，所以浇水不能过多，否则会加快茎秆生长速度，不利于结实粗壮的老桩造型。想要养出好状态就要多晒，少水。

阿尔的心得：迈达斯国王是比较容易养出状态的品种。在养好根系的前提下，冬季严格的控水可塑造出肥厚圆润的叶型和粉嫩通透的质感。浇水过多或者控水时间太久都会造成底部叶片的化水和消耗，所以，浇水的频率要把握好。通过观察叶片消耗的程度来确定浇水是否及时，这需要长期的实践和摸索。

迈达斯国王的一般状态如小图，大图中为刚刚上色的状态。

养护方法相近品种：——冬美人

养护一点通

浇水频率：🌢🌢🌢🌢🌢

日照时长：☀☀☀☀☀

出状态难度：⭐⭐⭐⭐⭐

耐受温度：5~35℃

休眠期：全年都可生长，休眠期不明显

繁殖方式：砍头、叶插

常见病虫害：病虫害较少

锦晃星

景天科 拟石莲花属

别名"茸毛掌"，叶片表面有一层茸毛，喜温暖、干燥和阳光充足的环境。不耐寒，耐干旱和半阴，忌积水。夏季的高温会让它处于休眠状态，底部叶片枯萎速度比较快，这是正常现象。待秋季气温下降后就会恢复生长，叶片边缘也会呈现晕染似的红色，非常漂亮。

养护进阶

新人一养就活：锦晃星对水和肥的需求不大，所以养护切忌大水大肥。生长旺盛时可以适量施用薄肥，浇水见干见湿。夏季休眠应减少浇水，注意通风；冬季低温应保持盆土干燥，否则水分过多，根部容易腐烂。叶片叶插出芽率不高，主要靠砍头繁殖，开花后的花箭也可以剪下来扦插，成功率较高。

养出好状态：冬季低温时，温差越大叶片呈现红色的部分也越大，这时候浇水应选择晴天的午后，并注意通风情况。如果通风不良，会造成水分蒸发慢，盆土长时间的潮湿容易导致叶片褪色、茎叶徒长、毛色缺乏光泽等。另外在上盆、换盆时应尽量不要弄脏叶片，带茸毛的叶子非常难清理，可以用小刷子刷并用水冲洗。

阿尔的心得：锦晃星只要服盆了，几乎不用特别照料。找准了浇水频率，按照周期去浇水就能长得很好了。如果能够露养就完全露养，如果有阳台最好选择顶部无遮挡的位置，这样更有利于植株上色。室内养护注意通风和控水，养出状态并不难。

养护一点通

浇水频率：💧💧💧💧💧

日照时长：☀☀☀☀☀

出状态难度：⭐⭐⭐⭐⭐

耐受温度：5~35℃

休眠期：夏季高温休眠

繁殖方式：扦插

常见病虫害：病虫害较少

极致状态

一般状态

花月夜

景天科 拟石莲花属

非常经典的莲花座形多肉品种。它的杂交品种比较多，外形非常类似。叶片肥厚，叶缘较薄，长匙形，叶缘有非常明显的红边，养护得当几乎全年可见。叶片底色偏蓝绿色，弱光环境下叶片会摊开，叶色变成浅绿色。喜欢阳光充足、温暖、干燥且通风良好的环境。

养护进阶

新人一养就活：花月夜是非常大众的一个品种，外形美丽，习性强健，放在光照充足的地方养护就可以。浇水见干见湿，不要经常喷雾，盆土需要保持稍微干燥。叶插比较容易成活，但是花月夜的叶片不太好掰，稍不小心会损坏生长点或掰断，最好在换盆时摘叶片。尽量捏住叶片基部，左右轻轻晃动，感受叶片生长点的剥离。

养出好状态：选择疏松、透气的土壤栽培，夏季遮阴，控制浇水量，能够保持叶片饱满、紧凑。雨天过后，叶心积水要及时用卫生纸或棉签吸干，以免造成灼伤。花月夜特别容易群生，群生后叶片比较密集，这时候要特别注意通风。如果母株的叶片挤压新芽，可以考虑摘除叶片，给新芽更多生长空间。

阿尔的心得：非常容易养出状态，无论颗粒土占多大的比例，只要保证透水、透气就可以。然后就是充分的日照（避免暴晒）以及根据叶片饱满程度配合浇水频率，养出红艳艳的花月夜就是这么简单。

花月夜秋冬季节宛如盛开的莲花，非常迷人。

养护方法相近品种：
锡兰

养护一点通

浇水频率：💧💧💧💧💧

日照时长：☀☀☀☀☀

出状态难度：⭐⭐⭐⭐⭐

耐受温度：5~35℃

休眠期：全年都可生长，休眠期不明显

繁殖方式：叶插、砍头、分株

常见病虫害：病虫害较少

月光女神

景天科 拟石莲花属

是花月夜和月影系的杂交品种，继承了月影系扁长生长点的特点。当然不排除个别植株拥有周正的生长点。月光女神需要阳光充足和凉爽、干燥的环境，耐半阴，怕水涝，忌闷热潮湿。具有冷凉季节生长，夏季高温休眠的习性。春季开花，穗状花序，花橘黄色，钟形。

养护进阶

新人一养就活：习性和花月夜类似，耐旱、忌高温高湿，对土壤要求不高，排水透气就可以。浇水也是"不干不浇，浇则浇透"，浇水量是春秋多，冬夏少。可在底部叶片出现发皱或枯萎时再浇水。叶插需要适宜的温度和湿度，才能比较顺利的出根出芽，叶插缀化的概率比较大。

养出好状态：给予充足的光照，露养的环境下就会有非常美艳的红边边，自然的气候非常适宜多肉上色。室内养护需要加强通风，夏季要多开窗，或者使用电风扇增加空气流通。冬季白天室内温度保持在20℃以下，夜晚气温维持在5℃以上。长时间的低温和大温差会造就月光女神大面积的红晕。控水合适的话，叶片也会更加肥厚。整个株型有时候看起来会更圆润一些，甚至没有了扁扁的生长点。

阿尔的心得：纯颗粒土浇水后非常快就会干透，土壤见干见湿的频率越快，多肉越容易出状态，这也是拇指盆容易养出好状态的原因。但是拇指盆非常限制根系的生长，不能让植株正常健康地生长。建议在拇指盆里养一段时间后还是给它换大盆比较好。

极致状态

一般状态

养护一点通

浇水频率：💧💧💧💧💧

日照时长：☀☀☀☀☀

出状态难度：⭐⭐⭐⭐⭐

耐受温度：5~35℃

休眠期：全年都可生长，休眠期不明显

繁殖方式：叶插、分株

常见病虫害：病虫害较少

吉娃莲

景天科 拟石莲花属

别名"吉娃娃""杨贵妃"，也是非常经典的品种。叶蓝绿色，有薄薄的白霜，先端急尖。秋冬季节，叶缘和叶尖会变成红色，非常迷人。吉娃莲的颜色变化还能更丰富，状态特别好的时候，底色是白玉色的。喜欢温暖、干燥和阳光充足的环境，耐干旱和半阴，忌水湿。

养护进阶

新人一养就活：吉娃莲习性较为强健，只是度夏稍有难度。日照充足可使叶片排列紧密，叶尖变红。如果日照时间太短会造成叶片下垂，形成"裙子"造型，影响美观。注意夏季加强通风，浇水要少，并且不能浇到植株上面，以免叶心长时间积水，造成腐烂。主要繁殖方式是叶插，成活率比较高。吉娃莲的叶片不容易掰，新手可在换盆时掰叶片，掌握好力度和用劲儿方法后就容易多了。

养出好状态：吉娃莲最好的状态是在初春。秋冬季节只要将它摆放在日照充足、通风处，就能出现美丽的红尖尖。日照时间超过 4 小时，叶缘也会变红，如果日照时间不够，需要拉长浇水间隔，增强通风，使土壤保持干燥，颜色和株型才能得以保持。吉娃莲的颜色变化非常丰富，从清新的蓝绿色到魅惑的粉蓝色，一年四季会呈现不一样的美丽。

阿尔的心得：以颗粒土为主的土壤配比，会使土壤干湿交替的速度变快，有利于保持紧凑的株型。春季和秋季可以分别施一次长效肥，冬季加大控水力度，土壤彻底干透后再浇透，叶片会紧凑到包起来，叶片也会更饱满，颜色也能维持更久。经过长期合理的养护，即使在夏季吉娃莲也能有很好的状态。

相似品种比较

花月夜：吉娃莲的叶尖突出，更像爪，花月夜的叶尖细长。而且，花月夜叶片顶部明显比基部厚。

粉红宝石：是吉娃莲的优选品种，和吉娃莲非常相似，不过叶片更短更厚，出状态时叶片底色是黄绿色，先端为粉红色。

秋 2014.10.09　　冬 2015.02.18　　春 2015.04.12　　夏 2016.05.01

养护一点通

浇水频率：💧💧💧💧💧

日照时长：☀☀☀☀☀

出状态难度：⭐⭐⭐⭐⭐

耐受温度：5~35℃

休眠期：夏季高温短暂休眠

繁殖方式：叶插、扦插

常见病虫害：病虫害较少

极致状态

一般状态

姬胧月

景天科 风车草属

喜阳光充足,温暖干燥的环境。只要日照充足,叶片基本上是朱红色,有薄薄的白霜,叶片排列成延长的小型莲花座状。生长速度快时叶片会变成灰褐色或绿色。姬胧月开花也很漂亮,花呈星形,白色。

个性养护

　　姬胧月习性强健,比较耐旱,浇水太勤会让茎秆徒长,忌盆土积水,应选择透水透气的土壤。是几乎能够全年生长的品种,生长速度较快,能形成垂吊造型。繁殖也非常容易,叶插、砍头的成活率都非常高。

养护一点通

浇水频率: 💧💧💧💧💧💧

日照时长: ☀☀☀☀☀

出状态难度: ⭐⭐⭐⭐⭐

耐受温度:5~35℃

休眠期:全年都可生长,休眠期不明显

繁殖方式:叶插、砍头

常见病虫害:病虫害较少

黑法师

景天科 莲花掌属

比较少见的黑色多肉品种,光亮乌黑的叶片聚合成莲花形,庄严而美丽。夏季高温休眠,休眠特征明显,底部叶片脱落,其余叶片会向内包裹,形成美丽的玫瑰状。生长季中心叶片会有返绿现象,随着日照的加强叶片颜色会随之加重,但不宜暴晒。

个性养护

　　典型的冬型种多肉,夏季休眠,冬季生长。夏季休眠有可能叶片脱落速度会比较快,剩下没多少叶子,等到凉爽的秋季来临,它就会恢复生机的。繁殖主要靠扦插。黑法师的向光性明显,养护中应时常转动花盆的朝向,不然就容易长成"歪脖子"。

养护一点通

浇水频率: 💧💧💧💧💧

日照时长: ☀☀☀☀☀

出状态难度: ⭐⭐⭐⭐⭐

耐受温度:5~35℃

休眠期:夏季休眠

繁殖方式:扦插

常见病虫害:病虫害较少

白凤

景天科 拟石莲花属

中大型品种，成株冠幅可达 20 厘米。叶片宽大、较薄，被白霜，夏季呈蓝绿色，温差大的季节叶缘部分能够转变为红色。生长速度中等，没有明显的休眠期。因为体型较大，适合地栽，如果用花盆还是选择大一些、深一些的比较好。

个性养护

　　白凤需水量不大，浇水过多容易导致徒长，夏季浇水多容易黑腐。想要得到特别红的颜色，要增加颗粒土的比例，并减少浇水，想办法让它多接受日照。叶插成功率不算高，砍头更容易繁殖。

养护一点通

浇水频率：💧💧💧💧💧
日照时长：☀☀☀☀☀
出状态难度：⭐⭐⭐⭐⭐
耐受温度：5~35℃
休眠期：休眠不明显
繁殖方式：砍头
常见病虫害：黑腐病

筒叶花月

景天科 青锁龙属

又称"吸财树"，是一种非常好养活的多肉，喜欢温暖、干燥，阳光充足的环境，也耐半阴。叶片非常有特色，呈圆筒状，顶端呈斜的截面，通常为椭圆形，春、秋、冬日照充足时，截面会变成金黄色或红色。常见的多为十几厘米高的小株，多年生的可以长成高大的树状。

个性养护

　　除了盛夏高温时要适当遮阴外，其他季节尽可能的多晒太阳。春秋季节可以适当施肥，以使枝干更加粗壮。筒叶花月不耐寒，冬季应早一些搬到室内养护，避免突然降温造成冻害。叶插生长速度慢，一般采用砍头的方法繁殖。

养护一点通

浇水频率：💧💧💧💧💧
日照时长：☀☀☀☀☀
出状态难度：⭐⭐⭐⭐⭐
耐受温度：5~35℃
休眠期：休眠不明显
繁殖方式：砍头、叶插
常见病虫害：病虫害较少

玉蝶

景天科 拟石莲花属

别名很多，如"石莲花""宝石花"等，是我国比较常见的多肉品种之一。叶片宽大、稍薄，轮生，典型莲花座形，叶片代谢速度快，容易群生。叶片颜色多为浅绿或深蓝，多在夏季开花，花期长达几个月，花为红黄色，钟形。

阿尔的心得：玉蝶对光照非常敏感，短时间缺光即会造成叶片疏松，茎秆徒长。所以，养好玉蝶需要十分充足的光照。另外，还有低温，北方冬季室内养护，应注意开窗通风，既能降低室温，又能加强空气流通，但应避免让冷风直吹多肉。玉蝶是非常容易黑腐的品种，夏季稍不留神就可能会"仙去"。日常养护中要多观察，发现异常要及时砍头挽救。

养护方法相近品种：
奶油黄桃

养护进阶

新人一养就活：玉蝶耐旱、喜阳，不耐高温，夏季容易黑腐，应保持良好的通风。冬季低于10℃最好移至室内养护。玉蝶夏季休眠，这时候浇水要小心，量少好于量多。叶心的积水要及时清理。休眠时，底部叶片会不断干枯，这是正常现象，需要经常清理枯叶，这样可以加强通风，避免病菌滋生。叶插不容易成功，主要靠砍头繁殖。玉蝶容易在底部滋生侧芽，可以砍下较大的侧芽进行繁殖。

养出好状态：盆土用颗粒土比较好，疏松又透气，利于植株生长，同时注意周围的环境应保持通风。最好是在充足散射光环境下接受长日照，这样能较好地保持紧凑的株型和叶片的聚拢形态。生长季叶片数量增多，层层叠叠，蔚为壮观。

养护一点通

浇水频率：💧💧💧💧💧

日照时长：☀☀☀☀☀

出状态难度：⭐⭐⭐⭐⭐

耐受温度：5~35℃

休眠期：夏季休眠

繁殖方式：砍头

常见病虫害：黑腐病、煤烟病

丸叶姬秋丽

景天科 风车草属

植株比较矮小，叶片非常饱满且圆润，这也许是用"丸叶"命名的原因吧。通常叶片是灰绿色的，冷凉季节接受充足日照可以渐渐转变为浪漫的粉色，阳光下还会反射出星星点点的光芒。开花是白色、星形，群生开花时很壮观。喜爱阳光充足、通风良好的环境。

养护进阶

新人一养就活：丸叶姬秋丽习性强健，生长速度较快，容易徒长，也容易群生。比较耐旱，浇水太勤会让茎秆徒长，株型不够紧凑，有失美观。容易掉叶子，最好少搬动。碰掉的叶子可以叶插，成活率非常高，适合新人练手。砍头扦插也极易成活。

养出好状态：丸叶姬秋丽通常比较容易养出染上一层粉色的状态，如小图的一般状态，但是想要养出从内而外的粉嫩状态还是需要下一番功夫的。这需要从配土、控水、日照等方面来控制，根据自己的环境合理调整颗粒土的比例，加强控水，并保持每天4小时以上的日照，就能够养出粉嫩的颜色。但是如果其中一个因素没有达到，叶片颜色就比较暗哑，不够通透，有的甚至是灰扑扑的。

养护一点通

浇水频率：💧💧💧💧💧
日照时长：☀☀☀☀☀
出状态难度：⭐⭐⭐⭐⭐
耐受温度：5~35℃
休眠期：全年都可生长，休眠期不明显
繁殖方式：叶插、砍头
常见病虫害：病虫害较少

阿尔的心得：光照时间越长，温差越大，颜色越粉嫩。北方冬季室内养护，应放在向阳处接受日照，也可以搬动一次，以增加日照时长。

一般状态

极致状态

养护方法相近品种：姬秋丽

露娜莲

景天科 拟石莲花属

由丽娜莲和静夜杂交而来，非常经典的品种。叶型、叶色都很美，叶片卵圆形，肉质，先端有小尖，灰绿色，被覆白霜。冷凉季节中心叶片会变成粉紫色，加上紧凑的株型，看起来就像端庄优雅的美女。冬季或春季开花，花钟形，花瓣外侧为淡粉色，内侧为黄色。

养护进阶

新人一养就活：露娜莲喜欢干燥、通风且日照充足的环境，耐干旱，也耐半阴，不耐寒，养护的关键是浇水和日照。露娜莲可接受6小时以上长日照，浇水见干见湿，盆底部不能积水，否则易使植株腐烂或滋生病菌。叶插、砍头繁殖都容易成活，也可以播种繁殖。露娜莲叶插非常容易，一年四季都可以叶插，气温不低于10℃都非常容易出根、出芽。

养出好状态：早春时节株型和颜色都很漂亮。这时候不宜浇水过多，可薄肥勤施。夏季超过32℃需要遮阴，注意通风。炎热潮湿的环境应减少浇水，或断水一段时间。冬季合理控水后，露娜莲的叶片会变得肥厚起来，粉紫色面积也会增多。

阿尔的心得：日照越充足，颜色越粉嫩，株型也会比较紧凑。春秋应适当施肥，这样露娜莲才会长成圆圆的、肥肥的。养露娜莲就是少动手，少浇水，放在光照充足的地方静静等它变美就好了。露娜莲的粉紫色也非常适合组盆栽种，搭配黄色、白色的景天科多肉都很适宜。

露娜莲一般为小图的状态，养护得当，冬季叶片会变成粉紫色。

养护一点通

浇水频率：💧💧💧💧💧

日照时长：☀☀☀☀☀

出状态难度：⭐⭐⭐⭐⭐

耐受温度：2~32℃

休眠期：全年生长，休眠不明显

繁殖方式：叶插、砍头、播种

常见病虫害：病虫害较少

紫珍珠

景天科 拟石莲花属

是性价比非常高的多肉品种。叶片在冷凉季节会变成粉紫色，底部老叶会呈现黄粉色。生长期叶片也会有粉色，但是日照不足的环境下养护会变成深绿色或灰绿。喜欢阳光充足的环境，但不能暴晒，夏季需要遮阴、通风。

养护进阶

新人一养就活：紫珍珠习性强健，对土壤的要求不高，营养土或园土都能使其很好地存活。根系良好的情况下，可以适当淋雨。初夏可以喷洒杀虫剂预防介壳虫。北方室内养护需要放置在阳光充足的地方，否则叶片会长得大而薄。叶插、砍头都很容易成活。

养出好状态：光照越充足、温差越大，它的颜色越紫，如果光照不足，或者浇水太勤，叶片会变成灰绿色。夏季高温时，应遮阴、通风，并适当控水，避免徒长。冬季需要给予最长时间的日照，然后严格控水，这样才能达到控型和上色的目的。

阿尔的心得：紫珍珠的适应性比较强，大部分家庭养护环境下都能生长得很好。它的适宜生长温度为15~25℃，这时候可以适量施肥。冬季气温低时，不需要太多水分，可减少浇水量。另外，较小的花盆能够更好地控制株型。

养护一点通

浇水频率：💧💧💧💧💧

日照时长：☀☀☀☀☀

出状态难度：⭐⭐⭐⭐⭐

耐受温度：5~35℃

休眠期：全年生长，休眠不明显

繁殖方式：叶插、砍头

常见病虫害：病虫害较少

出状态的紫珍珠叶片颜色由鹅黄色到蓝紫色渐变，比一般状态的粉紫色更耐看。

极致状态

一般状态

观音莲

景天科 长生草属

最常见的长生草,也非常好养活。喜欢凉爽、干燥、阳光充足的环境和排水良好的沙质土壤。比较怕热,相对其他品种更耐寒,0℃以上可安全过冬。外形如莲座一般,叶片扁平细长,前端急尖。日常为翠绿色,秋冬季节在充分日照下,叶片边缘和先端会变成深红色。

个性养护

非常耐旱,不喜大水,日照不足容易"穿裙子",除了夏季需要遮阴外,其他季节尽可能全日照。配土最好使用颗粒土多一些的,容易保持紧凑的株型。叶插很难成功,一般取母株旁的侧芽分株繁殖。

养护一点通

浇水频率:💧💧💧💧💧
日照时长:☀☀☀☀☀
出状态难度:⭐⭐⭐⭐⭐
耐受温度:0~35℃
休眠期:冬季休眠
繁殖方式:分株
常见病虫害:黑腐病

子持莲华

景天科 瓦松属

喜温暖、干燥和阳光充足的环境。不耐寒,冬季温度不低于5℃。耐半阴和干旱,怕水湿和强光。常年灰蓝色,每个人养出的颜色稍有差异。冬季低温休眠,叶片会包起来,外围叶片枯萎,非常好看,春季气温回升后叶片会渐渐舒展开。

个性养护

非常好养的品种,比较喜欢大水,夏季会疯狂长侧芽,也可以大水浇灌,保证土壤不积水就行,需要适当遮阴。冬季低温休眠后要减少浇水。瓦松属的多肉植物开花后母株会死亡,所以春秋多砍头繁殖小苗吧。

养护一点通

浇水频率:💧💧💧💧💧
日照时长:☀☀☀☀☀
出状态难度:⭐⭐⭐⭐⭐
耐受温度:5~35℃
休眠期:冬季休眠
繁殖方式:砍头
常见病虫害:病虫害较少

特玉莲

景天科 拟石莲花属

为鲁氏石莲花的栽培品种，叶型独特，从某个角度看叶先端像倒置的心形。叶片被覆白霜，蓝绿色或灰绿色，冬季温差大、阳光充足的情况可出现淡粉色边缘。特玉莲喜欢凉爽、干燥、阳光充足的环境和排水良好的沙质土壤。光照时间越长，叶片越短越肥厚，相反光照不足、浇水频繁会导致叶片松散且又瘦又长。

个性养护

叶片常年覆盖白霜，弱光环境养殖，叶色浅蓝，叶片长而薄，阳光充足的时候，叶色淡黄色，叶片变短而肥厚。所以除了夏季，其他季节都可以全日照养护。春秋可适当施肥。秋冬季节的大温差，加上长时间的日照和合理控水，可使特玉莲呈现淡淡的粉红色边缘。

养护一点通

浇水频率：💧💧💧💧💧
日照时长：☀☀☀☀☀
出状态难度：⭐⭐⭐⭐⭐
耐受温度：5~35℃
休眠期：全年都可生长，休眠期不明显
繁殖方式：叶插、砍头、分株
常见病虫害：介壳虫、黑腐病

丽娜莲

景天科 景天属

中大型品种，单头直径可达 15 厘米。叶型跟荷花花瓣一样，中间向内凹；叶片浑圆，有短尖；叶缘呈半透明状，白色或粉色；叶片颜色常年灰白色或白色。喜温暖、干燥和阳光充足的环境，耐旱，不耐水湿，休眠期不明显。

个性养护

春秋季生长期可以多浇水，土壤干透后浇透，夏季和冬季土壤干透后要少量给水。可以根据丽娜莲叶片的包裹程度判断是否要浇水，浇水过多或缺少日照容易造成叶片瘫软无力，甚至烂根死亡。叶插比较容易成活。

养护一点通

浇水频率：💧💧💧💧💧
日照时长：☀☀☀☀☀
出状态难度：⭐⭐⭐⭐⭐
耐受温度：5~35℃
休眠期：全年都可生长，休眠期不明显
繁殖方式：叶插、砍头、分株、播种
常见病虫害：病虫害较少

月亮仙子

景天科 拟石莲花属

美丽的名字为它加分不少。叶片短匙形，蓝绿色，被覆白霜，淡淡地很清新，好像月光洒在上面一样。叶片有不规则的白色纹路，中间部分稍向内凹，叶先端急尖，较短。月亮仙子大部分时候叶片颜色都是淡淡的蓝绿色，很少把它养出透明果冻黄的时候。

极致状态

一般状态

月亮仙子出状态后的颜色虽然不艳丽，但叶片上的暗纹非常有特色。

阿尔的心得：月亮仙子的颜色变化不是特别大，不过叶片可以养出通透感和淡白色的暗纹。建议用纯颗粒土养殖，尽可能地增加日照时长，并严格控水。另外，要注意不要"兜头浇"，否则会影响美观。

养护方法相近品种：
小蓝衣

养护进阶

新人一养就活：习性比较强健，耐旱，相对较为耐潮湿和高温，是非常好养的品种，适合新人拿来练手。春秋季节可以适当多给水，保证土壤不积水就可以，不喜欢大肥，可以施用缓释肥或稀释得比较淡的肥料。为避免病害和虫害，可在春天喷洒杀菌剂和杀虫剂。夏季高温需要遮阴，浇水量也要减少，并注意通风。叶插繁殖非常简单，易成活。冬季注意防冻伤，低于5℃最好搬入室内，室内温度维持在15℃可以持续生长。

养出好状态：养出好状态还是要多晒，少浇水，定期转动花盆的朝向，这样才能够保证株型的紧凑和周正。如果长期不转动花盆的朝向，叶片会向一个方向伸展，造成"歪头"。

养护一点通

浇水频率：💧💧💧💧💧

日照时长：☀☀☀☀☀

出状态难度：⭐⭐⭐⭐⭐

耐受温度：5~35℃

休眠期：夏季休眠

繁殖方式：叶插、砍头

常见病虫害：黑腐病、煤烟病

玫瑰莲

景天科 拟石莲花属

莲座状株型，叶片顶部和叶背有少许茸毛。夏季叶片为绿色，昼夜温差大，日照充足时，叶缘和叶背会变红。控水和日照合适的话，底部叶片也能养出果冻黄，叶缘和叶背的颜色也会变成橙黄色。冬季或春季开花，红黄色，花箭上的叶片可用来叶插。

养护进阶

新人一养就活：喜欢温暖、干燥和阳光充足的环境，耐干旱，不耐寒，稍耐半阴。夏季有短暂休眠，应减少浇水，放置在通风良好的地方，适当遮阴养护。玫瑰莲的适应性较强，对土壤要求也不高，能透水、透气就可以，不容易生病。一般颗粒土占到30%，浇水不太频繁的话非常容易养活。繁殖能力较强，可以叶插、砍头，也可以播种。

养出好状态：冬季室内养护时，温度不宜过高，10℃左右即可，能够缓慢生长，也容易养出状态。温度过高，浇水过勤，会令植株生长速度加快，不容易保持株型和漂亮的颜色。冬季控水可令叶片更饱满、肥厚，如果昼夜温差特别大，叶片颜色会变得非常艳丽，短短两三天时间就能看出差别。

阿尔的心得：喜欢浇水的朋友可以选择纯颗粒的配土，浇水后很容易干透，这样就能比较好的保持紧凑的株型了。冬季室内养护，要放在最温暖的地方接受全天的日照，隔着玻璃晒也能养出好状态。

养护一点通

浇水频率：💧💧💧💧💧
日照时长：☀☀☀☀☀
出状态难度：⭐⭐⭐⭐⭐
耐受温度：5~35℃
休眠期：夏季休眠
繁殖方式：叶插、砍头、播种
常见病虫害：病虫害较少

玫瑰莲维持靓丽颜色的时间比较短，说明它出状态需要的条件比较严苛。

极致状态

养护方法相近品种：
丹尼尔

蒂比

景天科 拟石莲花属

名字经常简写为 TP，因为它的拉丁文名字是 Tippy。和静夜非常像，但是体型较大，叶片比较细长，叶尖有点长。相比静夜，蒂比更容易养活。冷凉季节叶缘和叶尖会变成红色。蒂比的习性强健，耐干旱，稍耐半阴，不耐寒，冬季低于 5℃ 应采取保温措施。

极致状态

一般状态

蒂比的一般状态就是叶尖变红，底部叶片全部变色的状态非常少见。

养护一点通

浇水频率：🌢🌢🌢🌢🌢
日照时长：☀☀☀☀☀☀
出状态难度：⭐⭐⭐⭐⭐
耐受温度：5~35℃
休眠期：全年都可以生长，休眠期不明显
繁殖方式：叶插、播种、砍头
常见病虫害：病虫害较少

养护进阶

新人一养就活：蒂比不需要多么精心的照顾，粗放的管理反而会长得更健壮。盆土干燥了就可以浇水，也可以不用施肥。蒂比比较容易被烈日灼伤，即便不是直射，如果空气不流通也有可能被高温"烫伤"，所以夏季要提早对其进行遮阴。蒂比容易从底部生出侧芽，非常容易群生。繁殖方式可选择叶插和分株。因为蒂比叶片紧凑，不容易徒长，所以砍头不好下刀。大家可以试试用鱼线来砍头。鱼线一点点勒到叶片基部，围满一圈后迅速拉紧鱼线就可以把"头"砍下来了。

养出好状态：春秋季节是主要生长季，这时候应注意养护根系，盆土不能过于干燥。夏季注意遮阴，并控水，冬季低于 5℃ 需要放置在室内向阳处，每天至少接受 4 小时日照。冬季的浇水间隔要拉大，叶片会更好地储存水分而变得更加肥厚。白天连续晴朗的天气可令叶片上色明显。

阿尔的心得：蒂比比较容易养出红色的尖尖，如果想要颜色更多，就需要长时间的日照和控水。控水非常重要，不仅能使上色更快，还能使株型长成圆圆的"包子"。

密叶莲

景天科 景天属 × 拟石莲花属

也被称为"达利",单头不大,冠幅在5厘米左右,容易群生。叶片密集环生,叶片细长,叶前端斜尖。冷凉季节,光照充足时,叶边会变红,底部老叶可能会变橙黄色,夏季叶片为翠绿色。如果光照不足,茎秆会徒长,影响美观。春末开花,白色星形小花。

养护进阶

新人一养就活:密叶莲是比较好养的品种,春秋季节尽量给予充足光照,浇水早几天、晚几天也没关系,只要盆土不是长时间湿润就可以。如果叶片有摊开、不聚拢的情况,说明光照不够。网购回来的密叶莲也可能因为长时间避光,而出现叶心变白、叶片稀松的现象。叶插比较容易成功,砍头、分株的繁殖方法也适合密叶莲。

养出好状态:密叶莲叶片比较密集,夏季应特别注意通风,秋季可适当施肥,水量也可以逐步加大,等天气转凉后,再逐渐减少浇水量,并拉大浇水间隔,这样可以较好地维持株型。冬季就尽情晒太阳来增加颜色吧。

阿尔的心得:密叶莲容易徒长,所以在给足日照的同时,要特别注意拉长浇水间隔,浇水量也要少一些。如果徒长不严重,到冬季后可以摘除底部叶片,整体造型会漂亮很多。

养护一点通

浇水频率: 💧💧💧💧💧

日照时长: ☀☀☀☀☀

出状态难度: ⭐⭐⭐⭐⭐

耐受温度: 5~35℃

休眠期: 全年都可生长,休眠期不明显

繁殖方式: 叶插、砍头、分株

常见病虫害: 病虫害较少

密叶莲夏季会是翠绿色,叶片稍显外展,秋冬出状态后叶片向内聚拢,叶背会变橙红色。

极致状态

一般状态

黛比

景天科 风车草属 × 拟石莲花属

中型品种，冠幅可达 10 厘米。叶肉质，较厚，呈莲花座形，叶顶端呈三角形。变色条件相对较低，可全年保持粉紫色。光照特别弱的时候，叶片会变成青绿色。因其漂亮的颜色和特别容易保持好状态，而拥有较高的人气。开出的花朵也是粉紫色系，穗状花序，花钟形。

黛比的颜色非常容易保持，只是颜色的质感差别比较大。

阿尔的心得：一般情况下，黛比的叶片比较细长，厚度适中。浇水周期拉长一些，使它长期处于"干渴—疯狂吸水—干渴"的循环模式中，它能够吸收更多水分，叶片也会更加厚实、饱满。黛比的颜色特别容易保持，充足的光照，不太频繁地浇水，在夏季也能有淡淡的紫色。如果叶片变绿那肯定是太缺少光照了。

养护进阶

新人一养就活：黛比喜欢温暖、干燥、通风良好的环境和排水良好的沙质土壤。普通园土加煤渣的配土就能养活黛比，需要注意土壤不板结就好。浇水见干见湿，夏季注意通风和遮阴。黛比生长速度快，很容易长成木质化老桩，到时应减少浇水，使盆土保持干燥即可。叶插非常容易出根出芽，小苗也比较容易养大。砍头和分株也是不错的繁殖方式。

养出好状态：如果每天接受 4 小时日照，黛比基本上就会是粉紫色的。春秋季节适量施肥，可促使叶片更肥厚；增加日照能令叶片颜色更鲜艳、靓丽；合理控水就能避免徒长。如果黛比一直在阳光充足的地方养护，夏季也可以不用遮阴，这样还能养出更深的紫粉色，细看叶片还会有星星点点的沙质感。

养护一点通

浇水频率：💧💧💧💧💧

日照时长：☀☀☀☀☀

出状态难度：⭐⭐⭐⭐⭐

耐受温度：5~35℃

休眠期：全年都可以生长，休眠期不明显

繁殖方式：叶插、播种、砍头

常见病虫害：介壳虫

巧克力方砖

景天科 拟石莲花属

比较少见的深色系品种，颜色是黑巧克力一样的深咖色。叶片先端较圆，有钝尖，叶片很薄，表面光滑，无白霜。温差大、光照充足时，叶片会是油亮的深咖色；日照强度大且低温环境下会出现红褐色；日照不足呈绿色，叶面光度下降。

养护进阶

新人一养就活：巧克力方砖是比较好养的品种。喜欢阳光充足和凉爽、干燥的环境，耐半阴，忌闷热，夏季高温会休眠。每年9月至第二年6月的生长期可以适当施肥，2周浇水1次是比较适当的，依据天气情况可提前或滞后几天。夏季休眠，超过35℃需要遮阴，必要时需要用电风扇对着吹，以降低肉肉周围的温度。

养出好状态：春、秋、冬三季接受充足光照就可以保持巧克力般的颜色。每天日照4小时是底线，时间越长越好。多年生巧克力方砖容易群生，且枝干易木质化，应减少浇水，并配以颗粒比较多的土壤。

阿尔的心得：秋冬季节应把握上色的关键因素：低温和日照。适当降低夜间温度，并给予最长时间的日照，就能让它们漂亮起来。在相同的环境下，可以从日照消失的地方移至日照好的地方。

——养护方法相近品种：
黑王子

极致状态

一般状态

巧克力方砖如它的名字一样，一年四季几乎都能看到巧克力色。

养护一点通

浇水频率：💧💧💧💧💧

日照时长：☀☀☀☀☀

出状态难度：⭐⭐⭐⭐⭐

耐受温度：5~30℃

休眠期：夏季短暂休眠

繁殖方式：叶插、砍头

常见病虫害：介壳虫、煤烟病

猎户座

景天科 拟石莲花属

经典的红边品种，叶片匙形，前端有小尖，呈莲花状紧密排列。与花月夜、月光女神很像，区别在于它的叶边有一层略透明的白边。猎户座喜欢光照，耐干旱，秋冬季节叶片先端都能变红，夏季一般为粉蓝色。光照不足、浇水过度都会造成叶片变细长、疏松。

猎户座的颜色变化丰富，从粉蓝到深红，有不一样的魅力。

阿尔的心得：猎户座叶片比较厚实，储水能力较强，所以浇水要间隔较长的时间，看到底部叶片出现枯萎再浇水也不会旱死。冬季适当的控水是很有必要的，能够使叶片更加肥厚、圆润，叶片也会向内聚拢，株型更加美丽。我发现，使用不同配土在同样环境下养护的猎户座会有不一样的颜色，这说明配土也在影响着多肉的颜色。大家可以尝试使用不同的配土来栽培，结果一定令你非常惊喜。

养护进阶

新人一养就活：猎户座的习性比较强健，养护不算困难。它是夏型种，夏季不会休眠，但也应注意遮阴，浇水可以见干见湿，其他季节可以尽情地晒太阳。冬季如果室外养护，低于5℃需要断水。猎户座繁殖主要是叶插，健康的叶片叶插几乎百分百成活，而且出现多头的概率比较大。群生的猎户座也可以剪取侧芽进行繁殖。

养出好状态：每天接受4小时的日照就可满足猎户座的需要，如果日照充足，控水合理，几乎一年四季都能看到叶缘的红边边。如果日照时间更长的话，叶片底色也会变成红色，到夏季时，如果日照足够，严格控水，叶片也会有颜色。即使控水不太严格，叶缘还是会有稍浅的粉色。

养护一点通

浇水频率：💧💧💧💧💧

日照时长：☀☀☀☀☀

出状态难度：⭐⭐⭐⭐⭐

耐受温度：5~35℃

休眠期：全年都可以生长，休眠期不明显

繁殖方式：叶插、分株

常见病虫害：病虫害较少

红粉佳人

景天科 拟石莲花属

别名"粉红女郎""Pink"，和名字很配的美丽多肉。叶片长匙形，较厚，被覆白霜。日常为灰绿色，冷凉季节日照充足时叶片为粉红色。春秋季节相对比较喜水，也耐旱，生长速度非常快，容易群生。春季开花，花钟形，淡黄色。

养护进阶

新人一养就活：红粉佳人习性强健，非常好养。生长速度也快，单头一年多就能变群生老桩了。对水分不太敏感，早几天晚几天浇水，或者水多些少些都不会养死，就是多让它晒太阳就好了。夏季需要适当遮阴。叶插非常容易，几乎不用管理，掉在花盆里的叶子就能自己长大，成功率堪比白牡丹。砍头和分株也非常容易成活。

养出好状态：虽然是非常好养的品种，但是如果不增加日照时间，不注意控水是养不出好状态的。另外，叶片有白霜，尽量不要去摸它，也不要浇水浇到叶片上面，否则会影响美观。

阿尔的心得：红粉佳人生长速度快，想要控型出状态，还是搭配小一些的花盆比较好。对日照的需求比较高，最好能够接受全日照，再适当控水，否则状态很难维持。一般红粉佳人的美只能维持短短2个月的时间，其余时间基本都是绿色甚至是"摊大饼"的状态。

极致状态

一般状态

红粉佳人的一般状态和极致状态差别很大，除了颜色外，叶片变化也很大。

养护一点通

浇水频率：💧💧💧💧💧

日照时长：☀☀☀☀☀

出状态难度：⭐⭐⭐⭐⭐

耐受温度：5~35℃

休眠期：全年生长，休眠不明显

繁殖方式：叶插、砍头、分株

常见病虫害：病虫害较少

养护方法相近品种：
旭鹤

大姬星美人

景天科 景天属

大姬星美人是姬星美人的变种，叶片比火柴头还小，两两对生，大姬星美人的叶片比姬星美人的稍大一点。一般情况下，叶片为蓝绿色或翠绿色，休眠期会转变为粉色和蓝紫色。植株茎秆细软，易匍匐，生长速度极快。大群开花时非常美丽，花星形，五瓣，白色。

图中为大姬星美人比较好的状态，微微发粉色，生长季则完全为蓝绿色。

阿尔的心得：有人说，我怎么样都养不出蓝紫色来是怎么回事。首先你要确保它是大姬星美人，而不是姬星美人，如果是姬星美人是很难变色的。其次是必须保证每天 4 小时的日照，给它使用合适的土壤，也要注意浇水量，经过至少三个季节的合理养护，相信你能得到满意的成果。另外，大姬星美人等护盆草多匍匐生长，茎秆会生出新根，扎入土壤，所以，护盆草一类的多肉品种最好不要用颗粒土铺面，以免影响根系入土。

养护进阶

新人一养就活：喜欢温暖、干燥和阳光充足的环境，相对比较喜水，也比较能耐寒。疏松、肥沃、排水良好的土壤最适合养它们。浇水也要注意保持盆土适度干燥。大姬星美人和姬星美人、旋叶姬星美人、薄雪万年草、黄金万年草等迷你型多肉品种都非常适合做护盆草，而且容易养活，易爆盆。如果它们和其他品种混种时，可以观察它们的叶子是否发皱来判断土壤的干燥程度。主要靠扦插繁殖。

养出好状态：大姬星美人浇水勤很容易爆盆，但是叶片会比较稀松，所以，想要紧凑密集的话还是要适当控制浇水量。多晒太阳也是保持好状态的秘诀。

养护一点通

浇水频率：💧💧💧💧💧
日照时长：☀☀☀☀☀
出状态难度：⭐⭐⭐⭐⭐
耐受温度：5~35℃
休眠期：夏季高温短暂休眠
繁殖方式：扦插、叶插
常见病虫害：病虫害较少

马库斯

景天科 景天属 × 拟石莲花属

马库斯是景天属与拟石莲花属的杂交品种。马库斯非常好养，几乎
不用特别照顾就能生长得很好。生长速度较快，易群生。生长期叶
片为绿色，秋冬季节，控制好浇水频率，增加日照时长，叶片边缘
会呈现橙黄色，甚至整个叶片会变成半透明的橙色。

养护进阶

新人一养就活： 马库斯习性强健，比较耐
旱，浇水太勤会让茎秆徒长，株型不够紧
凑，有失美观。马库斯易掉叶，养护时注
意不要碰掉叶片。如果碰掉了也没关系，
可以用来叶插。叶插、扦插的成活率都非
常高，适合新人练手。

养出好状态： 马库斯是比较容易上色的，
在深秋、冬季、初春，无论是否露养都能
养出状态，而且只要天气好状态能持
续较长时间。需要提醒新人的是，
不要频繁地换土、换盆，这会让
它始终处于恢复期，很难有理
想的状态。

阿尔的心得： 经过春季和夏
季的合理养护，秋季继续保持
长日照、控水，马库斯的叶片
先端就会变成橙红色，叶基部
还是绿色，这种红绿相间的状态
也很美。等到冬季，有了较大的温
差和长日照，再加上长时间的控水，
叶片变色的部分会越来越多。一般露养
环境能很容易养出马库斯的橙色，但是大
部分人养不出通透水嫩的质感，这就需要
你想办法阻挡一部分紫外线，让阳光温柔
地照射，才能养出通透的质感。

养护一点通

浇水频率：💧💧💧💧💧
日照时长：☀☀☀☀☀
出状态难度：⭐⭐⭐⭐⭐
耐受温度：5~35℃
休眠期：休眠期不明显
繁殖方式：叶插、扦插
常见病虫害：虫害较少

合理养护的马库斯叶片
变成了通透的橙色，这
并不是化水。

极致状态

一般状态

酥皮鸭

景天科 拟石莲花属

植株多直立，可长成树状，叶片比较小，先端肥厚，叶尖明显。一般情况下叶片是绿色或深绿色的，秋冬冷凉季节，叶缘会变红，叶片底色也会变成似油酥的黄色。喜欢温暖、干燥和阳光充足的环境。疏松、透气的栽培介质能让它更好地生长。

极致状态

一般状态

秋冬季节酥皮鸭的叶片可变成油酥似的黄色，小图为生长季的状态。

养护一点通

浇水频率：💧💧💧💧💧

日照时长：☀☀☀☀☀

出状态难度：★★★★★

耐受温度：2~35℃

休眠期：全年都可以生长，休眠期不明显

繁殖方式：分株、砍头、叶插

常见病虫害：黑腐病

养护进阶

新人一养就活：习性强健，生长期可保持土壤微湿，避免积水。夏季也无需担心，见干见湿地浇水就能成活。冬季可严格控水，在盆土干燥的情况下能耐零下2℃左右的低温，这是指室内温度，露天环境还是要在5℃时就采取保温措施。叶插和砍头、分株都比较容易繁殖。

养出好状态：透水、透气性好的土壤能更容易养出好状态。叶缘非常红、叶片底色呈深绿色的话，可以试试减弱日照的强度，稍微加大浇水频率，让植株的生存环境相对更好一些，能够缓解保护机制的作用。

阿尔的心得：酥皮鸭容易长出枝干，自然生出新的分枝，形成树状，可以对其进行修剪并塑型。多株笔直的酥皮鸭拼栽在一起，好像一片迷你的森林一样；或者单棵盆栽，修剪多余的枝条，让修长的主茎上留下两三枝分枝也别有韵味。

养护方法相近品种：
镜晃星

小人祭

景天科 莲花掌属

别名"日本小松"，叶型与体型都非常小巧，生长速度比较快。春秋生长季为绿色。夏季有明显休眠现象，叶片会包起来，叶缘的红色和中间的红线也会变成红褐色，叶色变成黄色或金黄色。小人祭的叶片有黏液，经常会粘住小飞虫和灰尘，需要使用喷壶和小刷子清理。

养护进阶

新人一养就活：习性强健，喜欢阳光充足的环境，稍耐半阴，日照不足的环境养护，叶片会变长，株型松散。夏季休眠要减少浇水量，并遮阴，避免暴晒，放通风处养护。对土壤要求不高，透气、透水就可以了。想要它快速生长，可以多使用腐殖土及其他有营养的介质。另外，不建议新人使用瓷盆养殖，否则非常容易让根系"闷死"。一般采取分株或砍头的方式繁殖。

养出好状态：耐热，耐干旱，夏季休眠可以不用频繁给水，适当延长浇水的间隔，可以让小人祭的叶片更紧包，颜色也会更亮眼。生长季浇水不宜太频繁，可适当施用缓释肥，8厘米直径的花盆放5~8粒就可以，放在土壤表面或埋进土壤都可以。

阿尔的心得：小人祭叶片的黏液非常容易招惹小飞虫，需要经常观察，发现后要及时清理。保持植株的清洁不仅更美观，还能减少病害的发生。

养护一点通

浇水频率：💧💧💧💧💧

日照时长：☀☀☀☀☀

出状态难度：★★★★★

耐受温度：5~35℃

休眠期：夏季休眠

繁殖方式：分株、砍头

常见病虫害：小黑飞、介壳虫

大众情人系——养出成就感

静夜

景天科 拟石莲花属

经典品种之一，体型较小，颜色清新，深受大家喜爱。叶片表面有一层薄薄的白霜，呈莲座状紧密排列。比较喜欢日照，缺光容易徒长，茎秆拔高，品相难看。冷凉季节，适当控水还会变成红尖的"小包子"，非常萌。花钟形，黄色。

静夜清新的颜色和红尖尖非常受欢迎，但是生长季容易徒长。

阿尔的心得：对静夜应给予更多的关注，发现异常应及时处理。尽量在充足的散射光下养护，切忌暴晒，暴晒很可能会直接晒死。全年应注意通风，叶片紧凑时更应加强通风。

养护进阶

新人一养就活：静夜的浇水间隔可以相对短一些，但每次浇水量要少，切忌大水。浇水如果不小心浇到叶心，应用气吹吹干或者用卫生纸吸干，以免叶心积水腐烂。静夜非常怕湿热，尤其夏季容易黑腐，应放置在通风好的位置，并严格控水。叶插比较容易成活，但小苗养护不易，砍头繁殖更容易长大。

养出好状态：静夜虽然清新可爱，但是养护需要多下点功夫。浇水后一两天如果出现徒长，应减少下次浇水的水量。大比例的颗粒土养殖加上严格的控水会令叶片紧包，形态可爱呆萌。

养护一点通

浇水频率：💧💧💧💧💧

日照时长：☀☀☀☀☀

出状态难度：⭐⭐⭐⭐⭐

耐受温度：5~30℃

休眠期：全年生长，休眠不明显

繁殖方式：叶插、砍头、分株

常见病虫害：黑腐病

凌波仙子

景天科 拟石莲花属

肉友也称它为"026"，因为美丽的名字和外表，深受肉友追捧。叶质肥厚，顶端接近半圆形，有尖，叶缘红边轮廓清晰，易群生。叶片平时为青绿色，秋冬季节叶缘会转变为粉色，叶边线变红，非常清晰，无晕染，叶表白霜亦变厚，看起来就像白衣飘飘的仙女。

养护进阶

新人一养就活：喜欢日照充足的环境，春秋生长迅速，可适当施肥，夏季短暂休眠，注意控水和遮阴，并保持良好的通风。多雨季节不要淋雨，盆土长时间积水很容易黑腐。冬季低温应注意防冻伤，最好移到温暖的室内。繁殖能力特别强，茎秆上容易长小芽，等小芽长大可剪取繁殖。叶插成活率也比较高，砍头也是非常常用的繁殖方法。

养出好状态：都说凌波仙子很娇气，不好养，其实只要让它慢慢适应了你的养护环境，它还是比较好养的。关键是掌握它的浇水周期，在它"渴"的时候再浇水，可避免徒长。当然前提是光照充足，如果光照不足，再控水也还是会徒长。阳光对多肉植物的生长非常重要。

阿尔的心得：凌波仙子是比较容易养出好状态的品种，冬季给予充足的光照，适当控水就能看到叶缘清晰的红边了，如果日照时间足够长，红晕会更多。泛着红晕的凌波仙子自然貌美，而温润如玉的质感更打动我。隔着玻璃养护，让它接受长日照，合理的控水，在深冬你就会得到这种清新脱俗又细腻温润的"仙子"了。

凌波仙子叶片底色通常是浅绿色的，养出白玉般的质感至少需要经历四季，根据环境合理控水。

养护一点通

浇水频率：🌢🌢🌢🌢🌢

日照时长：☼☼☼☼☼

出状态难度：★★★★★

耐受温度：5~30℃

休眠期：夏季休眠

繁殖方式：叶插、砍头、播种

常见病虫害：黑腐病

蓝宝石

景天科 拟石莲花属

也有人称呼它为"030"。成株冠幅约 5 厘米，它的叶型和叶边纹路看起来几何感很强，就好像切割过的宝石一样。蓝宝石的叶背面更容易变成紫红色，而叶正面大多时候为蓝色或蓝绿色。如果叶子正反面都变成紫红色，那就是非常好的状态了。

养护进阶

新人一养就活： 蓝宝石生长速度一般，但是比较容易群生，群生蓝宝石叶片排列比较紧凑，怕闷热，夏季应注意通风和控水。蓝宝石容易晒伤，温度超过 30℃建议遮阴养护。如果从春天开始就一直露养的话，且养护环境通风好，也可以不用遮阴，进行全日照养护。如果水浇多了，徒长，可以砍头后重新塑型。平时也可以摘叶子，叶插繁殖，成活率也不错。

养出好状态： 接受长日照，并且让盆土经常处于干燥状态，叶子背面就能出现紫红色了。为了保持株型，就要多控水，尽量避免造成盆土高温高湿的环境。想让蓝宝石上色，除了白天尽量接受日照外，夜晚的低温也很重要。北方冬季室内养护，夜间气温不可过高，否则上色会非常缓慢。

蓝宝石出状态后叶片可以整个变深红色，叶片短而紧凑，一般情况下如小图，叶面为蓝绿色。

养护一点通

浇水频率：💧💧💧💧💧

日照时长：☀☀☀☀☀

出状态难度：⭐⭐⭐⭐⭐

耐受温度：5~35℃

休眠期：休眠期不明显

繁殖方式：叶插、砍头

常见病虫害：病虫害较少

阿尔的心得：在养好根系的前提下，可以适度加强控水力度。底部叶片没有出现发皱现象可以不用浇水。浇水时应彻底浇透，让植物充分吸收水分。有时候浇水过多，底部叶片会突然化水，这时候应及时加强通风，使土壤迅速干燥。浇水的量应根据盆土的保水性、花盆的大小和天气情况决定，一般浇透后花盆底部会有水流出，但量不是特别多。

蓝苹果

景天科 拟石莲花属

又称"蓝精灵",比较好养的品种,喜欢温暖、干燥,阳光充足的环境。不耐寒,冬季低于5℃需要搬至室内养护。叶片通常为蓝色,被覆白霜,叶先端有钝尖。冷凉季节,温差大、日照充足时,钝尖会变红,有时候先端部分会全部变红。

养护进阶

新人一养就活：蓝苹果习性较强健,耐干旱,稍微耐半阴,但长时间半阴养护品相不佳。对水、肥需求不多,新人只要少浇水,保持盆土适当干燥,不乱用肥料,就能成活。其生长速度算比较快的,容易爆头,成株一两年就能养成群生老桩。夏季注意遮阴,适当控水,但不能断水,保持空气流通也是十分必要的。夏季一些木质化的茎秆容易出现萎缩、腐烂的现象,除了注意浇水量外,还可在春季多喷洒几次多菌灵等杀菌剂来预防。蓝苹果是非常容易繁殖的品种,叶插、砍头都容易成活。摘取叶片时需要在盆土比较干燥的情况下进行。砍头后的植株需要晾干伤口后再上盆。

养出好状态：大比例的颗粒配土能够让蓝苹果保持紧凑的株型,当然生长速度也会慢下来。如果控水合适还会令叶片向内聚拢,形成漂亮的"蓝包子"。越是低温和长日照,蓝苹果的颜色就越漂亮。

阿尔的心得：控水过度会使根系的根须干枯,造成根系吸水能力差,植株总是皱巴巴的,没精神。所以,控水应适当,如果浇水后第二天植株叶片明显饱满,说明控水力度合适。

蓝苹果通常为蓝绿色,叶片细长,而在深秋和冬季会变得如大图一样红艳艳的。

养护一点通

浇水频率：💧💧💧💧💧

日照时长：☀☀☀☀☀

出状态难度：⭐⭐⭐⭐⭐

耐受温度：5~35℃

休眠期：休眠期不明显

繁殖方式：叶插、砍头、分株

常见病虫害：黑腐病

克拉拉

景天科 拟石莲花属

叶片肉质，匙形，先端较圆，有钝尖，紧密排列呈莲花座形。夏季叶片为绿色，中心叶片带点蓝色，有薄霜。冷凉季节会转变为粉红色，底部老叶还会出现橙黄色。喜欢凉爽、干燥、通风、日照充足的环境。花期一般在春季，橘红色花，钟形。

克拉拉的叶型饱满、圆润，秋冬会呈现淡淡的黄粉色，非常惹人爱。

养护一点通

浇水频率：💧💧💧💧💧
日照时长：☀☀☀☀☀
出状态难度：⭐⭐⭐⭐⭐
耐受温度：5~35℃
休眠期：全年都可以生长，休眠期不明显
繁殖方式：叶插、分株
常见病虫害：黑腐病

养护进阶

新人一养就活：喜欢疏松、排水透气性好的土壤，颗粒土配比高的土壤比较合适。养护环境湿度不能太大，保持在45%左右就可以，浇水见干见湿，新手没有把握的可以少浇一些，能避免湿热的盆土环境造成植株黑腐死亡。如果发现叶片在夏季突然变粉红色，就要及时脱土，检查叶片基部和根系，如果患病，应视情况进行砍头或晾根，旧土应暴晒或加多菌灵或其他杀菌剂消毒。主要依靠叶插、分株进行繁殖。

养出好状态：群生克拉拉叶片比较紧密，需要注意及时清理枯叶，如果养护环境通风不良，也可以适当摘除底部叶片，避免闷热环境造成底部叶片腐烂。日照充足，温差较大时，配合适当的浇水频率，可以养出粉嫩的颜色。也可以用小型花盆来养殖，更有利于上色和叶片的饱满。

阿尔的心得：盆土切忌过湿，使用纯颗粒土能降低黑腐病害的概率，加之长期的控水，能令叶片更饱满，颜色更通透。但是控水应掌握好度，如果浇水后第二天植株叶片明显饱满，说明控水力度合适；如果叶片在浇水过后两三天才能恢复饱满，说明控水太久了，根系的吸水能力受到了损伤。

蓝色天使

景天科 风车草属 × 拟石莲花属

叶片细长，较薄，有白霜，叶片较密集，控水可呈包拢状，犹如一颗松塔。这个品种一年四季的变化不是特别大，基本上是淡绿色、蓝绿色的。很少能有人养出这种鹅黄色的，而且质感通透。生长速度比较快，容易长出枝干，也比较容易群生。

养护进阶

新人一养就活：习性比较弱，对水分特别敏感，浇水要少，浇水间隔要长，水大容易黑腐。尤其夏季高温，更要减少浇水，并放置在通风好的位置。如果养护环境通风不良就不要使用喷壶喷雾，叶心长时间积水也会造成腐烂。另外，冬季要特别注意防冻，气温不低于5℃时也要保持盆土干燥。叶片比较薄，叶插出根出芽的时间比较长，叶片容易化水腐烂，主要用砍头和分株的扦插方式来繁殖。

养出好状态：蓝色天使特别怕湿热，所以土壤的选择以排水、透气性好的为佳。春秋可定期喷洒多菌灵、呋喃丹等杀菌剂，防止黑腐。蓝色天使日照不足容易"穿裙子"，最大程度的给予日照，能够让株型和颜色变漂亮。自然群生后的蓝色天使可能造型不太理想，这时候可以适当修剪一些小头，不但能提高美观度，也可降低黑腐概率。

阿尔的心得：不要把植株从室内到室外来回搬进搬出，应让它在固定的位置慢慢适应周围的环境。相对稳定的环境也是养出果冻色的一个因素，这个稳定的环境范围越大越好。

蓝色天使也能养出嫩黄的果冻色，如大图，小图为一般状态的蓝色天使。

养护一点通

浇水频率：💧💧💧💧💧

日照时长：☀☀☀☀☀

出状态难度：⭐⭐⭐⭐⭐

耐受温度：5~30℃

休眠期：夏季短暂休眠

繁殖方式：砍头、分株、叶插

常见病虫害：黑腐病、介壳虫

极致状态

一般状态

拉姆雷特

景天科 拟石莲花属

别名"拿铁",出状态时和玫瑰莲相似,但是叶片较薄,没有茸毛。一般叶片为绿色,温差大、光照充足时叶片边缘会变红。浇水过勤,或者日照不够充足的话,叶片会变绿,向外张开或下垂。冬春季节开花,小花倒钟形,花橙红色,先端金黄色。

养护进阶

新人一养就活:喜欢干燥、通风、阳光充足的环境,忌高温高湿。上盆时可添加少量底肥,缓盆期间置于阴凉处养护。等植株状态好转后,可逐渐增加日照。浇水应避免浇到植株上,夏季注意遮阴和通风。冬春季节开花时可适量施用磷肥,促进花箭生长、开花。如果不打算留着花箭,可以在花箭刚刚冒头时就掐掉,以免白白损耗营养。叶插成功率略低,可剪取底部侧芽扦插繁殖。

养出好状态:湿热的气候容易诱发细菌性感染,所以应在春末或夏初定期喷洒杀菌剂,另外也应配以透气良好的颗粒土。浇水可视植株叶片饱满程度来定。当叶片发软,出现褶皱后再浇水,能够使叶片更加饱满。

拉姆雷特能养出橙黄色的状态比较少见,一般状态都是像小图一样。

养护一点通

浇水频率:💧💧💧💧💧

日照时长:☀☀☀☀☀

出状态难度:⭐⭐⭐⭐⭐

耐受温度:5~35℃

休眠期:全年都可以生长,休眠期不明显

繁殖方式:叶插、扦插

常见病虫害:黑腐病

阿尔的心得:想要养出橙黄色的拉姆雷特就要管住你的手,少去动浇水壶,多观察,可适当捏捏底部叶片,如果变软了就可以浇水了。另外,底部枯萎的叶片应及时清理,以免滋生病菌。冬季室内养护必须注意通风,尤其是在天气晴好的中午,需要开窗通风半小时(注意不要让冷风直吹多肉),如果空气不流通,土壤水分不能迅速蒸发,容易使植株叶片下垂。

蓝姬莲

景天科 拟石莲花属

姬莲家族有很多品种，而且大部分价格都比较贵，蓝姬莲是比较受欢迎的。属于小型品种，冠幅在4厘米左右，容易群生。叶片长匙形，蓝色或蓝绿色，叶尖明显。冷凉季节，适当控水和长日照能够令叶片包裹起来，叶边红色也非常鲜艳。

养护进阶

新人一养就活：蓝姬莲喜欢阳光充足、干燥、温暖的环境，排水良好的土壤，算是习性比较强健的品种，夏季注意控水和通风就可以了。能够耐半阴，但是长时间半阴环境下养护品相会比较难看。浇水注意水量不要太大，生长状况良好的也可以淋雨，不过雨过天晴应注意通风。蓝姬莲的叶片不容易摘，摘叶片要小心，而且叶插出根出芽率不高，主要以播种、砍头、分株方式繁殖。

养出好状态：土壤选择既要透水、透气，还要有一定的保水性。栽培介质的颗粒应有大有小，方便根系生长，又能够透气。夏季适当遮阴，冬季减少浇水量，尽量让日光直射，可保持较好的株型。适当控水可以令叶片更厚实，长时间的日照则会令蓝姬莲的颜色更加鲜艳。

阿尔的心得：蓝姬莲抗旱性强，所以不用担心它会因为干旱枯萎而死。浇水要遵循"不干不浇，浇则浇透"的原则，避免盆底部积水。因为植株比较矮小，铺面用颗粒也不要选择直径太大的。推荐使用颗粒直径在5~8毫米之间的铺面土，颗粒之间的空隙较多，透水和透气性都很好。

养护一点通

浇水频率：💧💧💧💧💧
日照时长：☀☀☀☀☀
出状态难度：⭐⭐⭐⭐⭐
耐受温度：5~35℃
休眠期：全年都可以生长，休眠期不明显
繁殖方式：播种、砍头、分株、叶插
常见病虫害：黑腐病

极致状态

一般状态

蓝姬莲因为小巧精致的外形而备受青睐，出状态的蓝姬莲更是无比美艳。

菲欧娜

景天科 拟石莲花属

单头直径可达 15 厘米，地栽的可以长更大。叶片匙形，长而肥厚，被覆白霜，叶先端为宽厚的倒三角形。一般夏季叶片为淡蓝色，日照充足的冷凉季节会转变为非常梦幻的蓝紫色。大图中的这个状态跟一般的菲欧娜不太一样，其实它以前也是小图中那个样子的。

菲欧娜一般出状态是偏粉紫色的，但我养出的菲欧娜是偏橙黄色的。

极致状态

一般状态

阿尔的心得：菲欧娜的个头比较大，可以选择稍大且深的花盆栽种。采用以颗粒土为主的介质栽培可以更容易"虐"出颜色，也比较容易换盆。菲欧娜的叶片也有薄薄的一层白霜，日常养护中尽量不要往叶片上浇水，也不要使用小刷子清理灰尘。在换盆时也要尽量不触碰叶片正面。

养护进阶

新人一养就活：菲欧娜喜欢光照，但忌烈日暴晒，夏季需要半阴环境养护。适宜在干燥、通风的环境下生长，浇水见干见湿，配以疏松、透气的土壤更有利于它的生长。湿热的天气需要延长浇水间隔，切勿为保持土壤湿润而经常喷雾。叶片肥厚，容易叶插，分株繁殖也非常容易成活。

养出好状态：菲欧娜即使在夏季也会保持一点红边边，秋冬颜色变化非常显著。为了维持颜色和株型，需要充足的日照和适度的控水。冬季室内养护还要注意通风，通风不足会导致植株叶片稀松。大比例的颗粒土栽培，加上长期的控水，可以让叶片更加肥厚。

养护一点通

浇水频率：💧💧💧💧💧

日照时长：☀☀☀☀☀

出状态难度：⭐⭐⭐⭐⭐

耐受温度：5~35℃

休眠期：夏季高温休眠

繁殖方式：叶插、砍头、分株

常见病虫害：介壳虫、黑腐病

劳伦斯

景天科 拟石莲花属

价格小贵，非常喜欢光照的品种。叶片长匙形，叶片较薄，叶尖明显，似小刺，叶片排列整齐。叶片代谢速度比较快，容易爆头群生，需要及时清理枯叶。叶片正常为蓝绿色，白霜较厚，冷凉季节叶片会慢慢变成粉红色，甚至整株变粉红，像火红色的莲花，非常漂亮。

养护进阶

新人一养就活：劳伦斯的直径能够长到10厘米，花盆可以选择大一些的。习性强健，比较好养，根系养好后可以露养。浇水见干见湿，避开阳光比较强烈的时候。雨后应注意清理积水，加强通风。劳伦斯可以摘取健康的叶片进行叶插，出芽率比较高。一年以上的成株通常会从基部生出很多侧芽，长成群生，所以也可以等侧芽长大后进行扦插繁殖。

养出好状态：日常要多晒太阳，保证至少每天4小时，叶片边缘就会有颜色。清新的蓝绿色配上粉红的边边非常养眼。适当控水可以令叶片更短、更厚、更紧包。冬季温差大、低温时就要减少浇水量，株型和颜色都会很漂亮。薄薄地铺上一层淡黄色的铺面土，既能够提升劳伦斯的美，又可以保温。

阿尔的心得：相同的环境，不同的浇水频率和介质都会造成植株不同的颜色变化。喜欢清新淡雅些的颜色可以适当多浇水、多放腐殖土，喜欢浓烈的颜色的可以拉长浇水间隔，接受较强日光照射，并选择颗粒比较多的介质。

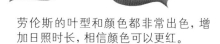

劳伦斯的叶型和颜色都非常出色，增加日照时长，相信颜色可以更红。

养护一点通

浇水频率：💧💧💧💧💧

日照时长：☀☀☀☀☀

出状态难度：⭐⭐⭐⭐⭐

耐受温度：5~35℃

休眠期：全年都可以生长，休眠期不明显

繁殖方式：叶插、砍头

常见病虫害：病虫害较少

雪莲

景天科 拟石莲花属

很多肉友大爱的品种。叶片圆匙形，顶端圆钝或略尖，但没有明显的叶尖，被覆一层厚厚的白霜，有时候根本看不清叶子的本来颜色。雪莲的主要欣赏价值也在于这一层白霜，千万不要淋雨，不要触碰，否则它就变成"大花脸"了。

雪莲是让大家又爱又恨的品种，其实夏季多注意控水和通风就能大大降低黑腐的概率。

养护一点通

浇水频率：💧💧💧💧💧

日照时长：☀☀☀☀☀

出状态难度：⭐⭐⭐⭐⭐

耐受温度：5~30℃

休眠期：夏季高温休眠

繁殖方式：砍头、播种、叶插

常见病虫害：黑腐病

养护进阶

新人一养就活：雪莲虽美，但是习性比较弱，需要更多的呵护。雪莲喜欢阳光充足、凉爽、干燥、昼夜温差较大的环境，耐干旱，怕积水与闷热、潮湿，具一定的耐寒性。夏季温度气温高于25℃开始进入半休眠，30℃就会完全休眠，这时候要减少浇水，勿施肥，并放置于通风、凉爽的地方。冬季低于5℃生长缓慢，浇水要少。春秋季节正常养护就可以了，每月可浇水三四次。叶子不太好掰，最好在换盆、换土时一起进行，而且叶插出芽率比较低。繁殖以砍头和播种为主。

养出好状态：雪莲不建议大家露养，露养非常容易蹭掉白霜，影响美观。室内养护注意加强通风和日照，尽量不碰叶片，这样就能养出完美无瑕的白霜了。秋、冬和初春的冷凉季节，增加日照时间，叶边会变成淡淡的粉色，控水时间久了整株会变粉色，仿佛娇羞女子白里透红的脸颊，惹人爱怜。

阿尔的心得：雪莲出状态需要充足的光照，弱光环境下养殖叶片容易变长、变薄，品相不佳。想要让它的叶片圆润丰满又粉粉嫩嫩，就需要严格执行"干透浇透"的原则，多晒太阳。

奶油黄桃

景天科 拟石莲花属

还有一个名字叫"亚特兰蒂斯",从外形看跟玉蝶非常相似。叶片蓝绿色,比较薄,但比玉蝶稍微厚实一点,有薄粉,叶缘有红边。冷凉季节,适当控水加上长日照叶边会明显变红。春秋为主要生长期,喜欢全日照,生长速度比玉蝶慢一些,不过也容易群生。

养护进阶

新人一养就活:喜欢干燥、凉爽、通风的环境,耐旱,不耐高温湿润,夏季多雨天气容易黑腐死亡。夏季高温会休眠,注意减少浇水、通风、遮阴。黑腐概率没有玉蝶高,不过也要小心,多观察,发现叶片化水现象要及时清理,如果茎秆发黑就要砍头处理了。不要存有侥幸心理,否则整棵都救不回来。繁殖主要靠叶插和砍头。

养出好状态:奶油黄桃的红边还是比较容易养出来的。在温差大的季节,控制浇水,使土壤保持干燥,再给它每天4小时以上的日照,用不了几天,红边边就浮现出来了。不过,奶油黄桃也是特别容易变"摊"的品种,三四天不见阳光就会"穿裙子"了。大部分人养出的奶油黄桃叶片都比较薄,这是还没有掌握好浇水频率造成的。常年合理的浇水,即便不施肥也能养出肥厚的叶片。

阿尔的心得:夏季的管理不可忽视,尤其是室内养护。放置在空调房间能够降低气温,可很好地避免高温高湿环境的产生。如果没有这样的条件,也要加大通风力度。不建议从早到晚都开空调,这样就会没有了温差,不利于植物的生长,而且空气流通也不够,最好是能够白天通风,晚上开空调降温。

奶油黄桃的一般状态非常容易和玉蝶相混淆,不过奶油黄桃出状态后就完全不一样了,如大图。

养护一点通

浇水频率:💧💧💧💧💧
日照时长:◐◐◐◐◐🌑
出状态难度:⭐⭐⭐⭐⭐
耐受温度:5~35℃
休眠期:夏季高温休眠
繁殖方式:砍头、叶插
常见病虫害:黑腐病

雨燕座

景天科 拟石莲花属

也有人叫它"天燕座"，和花月夜类似，都是比较大型的石莲花，冠幅可以达到 20 厘米以上。雨燕座的辨识度比较低，叶片细长、蓝绿色，叶缘桃红色，和很多红边边品种都很像。春季开花，小花钟形，亮黄色。喜欢疏松、透气、排水良好的土壤和凉爽、干燥的环境。

养护进阶

新人一养就活：雨燕座和花月夜的习性相似，都比较好养活。能够接受全日照，但是夏季高温需要遮阴。生长季浇水可以粗放一些，夏季和冬季还是少浇为好。叶插出根出芽时间比较短，而且容易长出多头，是主要的繁殖方式。叶片不好摘，最好在换盆时进行。另外也可以砍头或分株繁殖。

养出好状态：雨燕座和花月夜、月光女神、女雏等这类"红边边"多肉，都是比较容易养出状态的。常规的浇水和日晒就能使叶片边缘红润起来，如果使用小一点的花盆，控水时间长一些，还能令叶片更紧凑，更加向内收拢，形成完美的"包子"形状。

阿尔的心得：具备露养条件的话，可以从春天开始就露养，适当控制浇水，夏季遮阴，到秋天自然有非常出色的状态。如果室内养护，可以收集干净的雨水用来浇灌多肉，雨水呈弱酸性，非常适合多肉生长，而且能让雨燕座的颜色更鲜艳。用醋兑水据说也能起到同样的效果，不过我没有尝试过，不敢妄论。

雨燕座叶片肥厚较为耐旱，出状态后叶缘是粉红色，有晕染。

养护一点通

浇水频率：💧💧💧💧💧

日照时长：☀☀☀☀☀

出状态难度：⭐⭐⭐⭐⭐

耐受温度：5~35℃

休眠期：夏季高温休眠

繁殖方式：叶插、砍头、分株

常见病虫害：介壳虫、黑腐病

秀妍

景天科 拟石莲花属

很有韩国味道的名字,单头直径在3厘米左右,非常容易群生的品
种。夏季叶片为绿色,秋冬季节会像涂抹了一层胭脂一样红,群生
的植株观赏性更强,像一捧盛开的玫瑰花。叶片为半圆形,生长点
有点畸形,一般是两片叶子相对生长。

养护进阶

新人一养就活:秀妍习性比较强健,喜欢温
暖、干燥,阳光充足的环境,非常耐旱,比
较耐热,不耐寒,冬季低于5℃需要移至阳
光房或室内温暖处养护。浇水见干见湿就
可以,对水分不是特别的敏感。除了夏季
不能暴晒外,其他季节都可以让阳光直射。
缺光的话,非常容易变绿,叶片也会变薄,
所以,一年四季都要让它接受充足的日照。
秀妍生长速度一般,繁殖能力较强,容易长
侧芽,可以剪取侧芽繁殖。

养出好状态:春秋两季生长比较快,可以勤
快点,适当多浇水,也可以施几次薄肥,促
进植株快速生长。夏季做好遮阴和通风工
作就好了。冬季可以使劲晒太阳,水要少
浇。冬季生长缓慢,浇水次数少,浇水量也
要减少。

养护一点通

浇水频率:💧💧💧💧💧
日照时长:🌑🌑🌑🌑🌑
出状态难度:⭐⭐⭐⭐⭐
耐受温度:5~35℃
休眠期:全年生长,休眠不明显
繁殖方式:叶插、砍头
常见病虫害:病虫害较少

大图中秀妍的红色质感通透,
这得益于适当的日照强度和
长时间的日照。

阿尔的心得:控水过度或者光照强度太强
都会让秀妍的颜色变成深红色,也没有通
透感。露养的话可以想办法降低紫外线强
度,如果不方便,就缩短浇水间隔,可使颜
色鲜亮起来。

养护方法相近品种:
绮罗

白线

景天科 拟石莲花属

也有人称它为"粉爪",因为它出状态后是粉色的,叶尖似爪子向内勾。叶片比较长,浅绿色,有少许白霜,叶片容易出现不规则折痕。繁殖能力比较强,叶插非常容易成活。喜欢温暖、干燥、通风和日照充足的环境,耐旱,耐半阴,不耐寒。

养护进阶

新人一养就活:白线习性比较强健,能适应比较恶劣的环境,对土壤要求不高,疏松透气即可。浇水见干见湿,或者保持盆土干燥一段时间都没有问题。春秋可适当施用薄肥,夏季注意遮阴、通风。叶插非常容易,成功率接近百分之百,不过生长缓慢,也可以通过将群生植株进行分株来繁殖,成活率也相当高。

养出好状态:白线浇水太多或者日照不足,叶片会下垂,形成"穿裙子"的造型,不美观。注意放置在阳光充足的位置,并根据叶片饱满程度浇水。群生后的白线要特别注意通风,否则容易滋生介壳虫,介壳虫会致使叶片畸形,影响美观。还有阴雨天气时,湿度比较高,也要加强通风,避免细菌滋生导致叶片腐烂。

阿尔的心得:白线养出粉红色的状态,需要有大的昼夜温差,可根据自己的环境创造大温差,但不建议采用放入冰箱的极端做法。如果用纯颗粒土养殖并严格控水,白线在夏季日照充足时也能变成粉红色,而且日照时间越长,上色部分越多。

极致状态

一般状态

纯颗粒土养殖能较容易出现粉红色状态。

养护一点通

浇水频率:🌢🌢🌢🌢🌢

日照时长:🌑🌑🌑🌑🌑

出状态难度:★★★★★

耐受温度:5~35℃

休眠期:全年生长,休眠不明显

繁殖方式:叶插、分株

常见病虫害:介壳虫

春萌

景天科 景天属

叶片长卵形，绿色或黄绿色，叶片有蜡质感光泽。在温差大且光照充足时，叶片会呈现果冻般透明的黄绿色，叶尖可能会变红。春萌生长迅速，容易形成老桩。冬春季节开花，总状花序，小花白色，钟形。密密麻麻的小花聚集在花箭顶部，犹如一束小捧花。

春萌如名字一样，果冻黄色的叶片如刚萌发的新芽般娇嫩。

养护一点通

浇水频率：💧💧💧💧💧

日照时长：☀☀☀☀☀

出状态难度：★★★★★

耐受温度：5~35℃

休眠期：全年生长，休眠不明显

繁殖方式：叶插、砍头

常见病虫害：病虫害较少

养护进阶

新人一养就活：春萌习性比较强健，喜欢干燥、通风和阳光充足的环境，耐旱、耐半阴，不耐寒，冬季低于5℃需要采取保温措施。春秋生长旺盛，可充分给水，夏季高温要注意遮阴，并保证通风。繁殖方式比较多，但一般采用叶插和砍头，非常容易繁殖。

养出好状态：成株比较容易徒长，浇水频率不要太高，春秋季节可每20天浇水1次，夏季要减少浇水量，加大浇水频率，冬季少量给水并降低浇水频率，这样才能控制株型。浇水的频率要结合多肉土壤的颗粒比例，颗粒土比例高，浇水频率可以稍高，如果颗粒土比例小，则应降低浇水频率。

阿尔的心得：光照时长不够的话，叶片会是翠绿色，且没有通透的质感。挑选一个阳光充足的地方让它生长是十分必要的。浇水频率可根据底部叶片是否发软来定。当底部的两三片叶子都开始发皱，就可以浇水了。浇水后要加强通风，尤其是夏季室内养护的。冬季低温时，浇水间隔要更长，底部叶片发皱特别明显后再浇水也可以。

——养护方法相近品种：
劳尔

紫羊绒

景天科 莲花掌属

与黑法师的外形和习性都很像。叶片有蜡质光亮，较黑法师更宽，颜色偏紫红色。夏季高温休眠，休眠特征明显，叶片向内聚拢，形成玫瑰状。习性强健，喜欢温暖、干燥、通风的环境，忌暴晒。紫羊绒四季的状态变化非常大，不愧是多肉圈里的"魔法师"。

紫羊绒不需要太多日照就能呈现出紫红色。

养护一点通

浇水频率：💧💧💧💧💧

日照时长：☀☀☀☀🌤

出状态难度：⭐⭐⭐⭐⭐

耐受温度：5~35℃

休眠期：夏季高温休眠

繁殖方式：扦插

常见病虫害：病虫害较少

养护进阶

新人一养就活：紫羊绒是冬型种，除去夏季高温会休眠外，其他季节生长都比较快。日常养护保证每天4小时日照，见干见湿地浇水成活就没什么问题。关键是夏季休眠时，要避免暴晒，减少浇水量，并放在通风良好的环境中养护。冬季低于5℃需要采取保温措施。叶插繁殖比较困难，通常是剪取顶端枝条，晾干伤口后扦插，出根时间在15天左右。

养出好状态：紫羊绒喜欢透水、透气的沙质土壤，不喜强光，生长速度比较快。紫羊绒在夏季高温休眠时的状态最漂亮，此时的养护要注意加强通风，浇水量要减少，保持盆土干燥。只要有4小时以上的日照，它就能保持玫瑰般的花形。不过紫羊绒不喜欢强光，还是在春末时节开始遮阴比较保险。休眠时，底部叶片干枯比较多属于正常现象。

阿尔的心得：紫羊绒生长速度比较快，多年株会形成群生木质老桩，像一棵开满玫瑰的树一样，非常漂亮。对于这样的植株，换盆时需要特别注意，尽量不要清理根系附近的土壤，如果根系受损，服盆期就会比较长，甚至会死亡。

小米星

景天科 青锁龙属

迷你型多肉，叶片交互对生，卵圆状三角形，植株直立生长，容易产生分枝，多年生枝干会木质化。光照不足是翠绿色的，光照充足，叶缘可变红，日照时间足够长叶面都可变红。一般春季开花，花色白，星状，簇生，常常开满枝头，绚丽又不失清新。

养护进阶

新人一养就活：小米星习性较强，还比较喜水，可以多浇水，木质化枝干的除外。喜欢全日照，露养的小米星夏季都可以不用遮阴，只要适当控水，注意通风就能轻松度夏。春秋生长季节可以随意浇水，保证盆土不积水就行了。非常好养，也非常好养出状态的品种。一般剪下顶部枝条扦插繁殖。叶插也能成活，但摘叶子的方式和大多数多肉不同，需要将一对叶片同时剪下，新生的根和芽会从一对叶子中间长出来。

养出好状态：小米星出状态的秘诀就是充足的日照。只要阳光充足，小米星的状态就比较好，不会徒长，也不会特别绿。适当控水的话，几乎一年四季都能看到顶部新叶的红色。如果光照条件不足，浇水就要注意水量了。

养护一点通

浇水频率：💧💧💧💧💧
日照时长：☀☀☀☀☀
出状态难度：⭐⭐⭐⭐⭐
耐受温度：5~35℃
休眠期：全年生长，休眠不明显
繁殖方式：扦插、叶插
常见病虫害：病虫害较少

水分过多会造成茎秆细软，整体株型不紧凑，枝条东倒西歪。

阿尔的心得：正常情况下，小米星出状态后应是红色的，而这株小米星在开花后逐渐变成了黄色（并非是化水），这也让我非常不解。不过经过长时间的观察，我发现这种状态的小米星生长基本停滞，状态也没有太大变化，估计是开花后消耗过大，出现了"僵苗"现象。这属于个例，一般情况是不会有这样的状态的。这株小米星停止生长半年后又开始长新叶了，叶片颜色也有些发绿了。

极致状态

一般状态

墨西哥花月夜

景天科 拟石莲花属

花月夜家族的一个品种，与花月夜叶型相似，叶片肥厚，有红边和明显折痕。区别也非常明显，墨西哥花月夜底色是绿色或翠绿色，花月夜偏蓝绿色。出状态后，墨西哥花月夜的底色会变成果冻黄色，叶缘深红色，有少许晕染，非常魅惑。

出状态后的墨西哥花月夜叶缘红色会不断加深，甚至发黑。

养护一点通

浇水频率：🌢🌢🌢🌢🌢

日照时长：☀☀☀☀☀

出状态难度：⭐⭐⭐⭐⭐

耐受温度：5~35℃

休眠期：全年生长，休眠不明显

繁殖方式：叶插、砍头、分株

常见病虫害：病虫害较少

养护进阶

新人一养就活：墨西哥花月夜的习性和花月夜类似，喜欢日照充足、干燥的环境，耐旱，不耐寒，冬季低于5℃会冻伤。墨西哥花月夜适合在疏松、透气的沙质土壤中生长，浇水见干见湿，夏季高温需要遮阴，并减少浇水量。上盆后的服盆期底部叶片会有消耗，这是正常的，很快生长点会有新叶长出来。墨西哥花月夜的生长速度较花月夜慢，但繁殖能力还是不错的。春秋可摘取底部健康叶片进行叶插，出芽率比较高。砍头和分株的繁殖方法也不错。

养出好状态：日照时长是养出好状态的基础，如果日照不足，墨西哥花月夜的叶片会变得细长，叶缘颜色变浅甚至消失。想要养出墨西哥花月夜的魅惑红边，需要增加日照时长，并控制浇水。冬季是比较容易养出好状态的，想办法增加昼夜温差，颜色会更加鲜艳。新人需要注意，切勿为了追求低温而将多肉置于低于5℃的环境中。急功近利的结果往往是得不偿失。

阿尔的心得：墨西哥花月夜能够养出比较透明的果冻黄色，这需要白天接受长时间的日照，而且日照强度不能太大。另外，夜间需要处于长时间的低温环境。

蓝豆

景天科 风车草属

属于迷你型的多肉品种。叶片长圆形,淡蓝色,被覆白霜,先端有微尖,不太凸出,常年轻微红褐色。蓝豆一般为蓝绿色或浅绿色,秋冬季节,阳光充足时,可晒成粉红色或橙粉色,叶尖红色,小巧精致,惹人爱怜。蓝豆开花为簇状花序,花白色,有红色斑点,星形。

养护进阶

新人一养就活:蓝豆的习性比较强,除了夏季高温要适当遮阴外,其他时间都可以全日照。浇水也是要见干见湿,春秋可适当多浇一些水,夏天和冬天少量给水,夏季休眠要注意通风,保持土壤干燥。虽然叶子很小,但是叶插成活率比较高,不过生长速度慢,建议新人选择砍头、分株,会比较容易繁殖。

养出好状态:如果日照不够,或者浇水太频繁,叶片会比较稀疏不紧凑,株型不美观。所以,还是要根据叶片的饱满程度给水,不发皱可以不用给水。北方的朋友在冬季可以让室内的夜间温度适当降低,以增大温差,可以让蓝豆更好地上色。另外,切忌把多肉放在暖气旁,温度过高会导致茎秆徒长,而且暖气的烘烤会使植株水分过度损耗。

蓝豆出状态是粉红色,叶顶端还有红点,一般状态的蓝豆白霜较厚,底色为蓝绿色。

养护一点通

浇水频率:💧💧💧💧💧

日照时长:☀☀☀☀☀

出状态难度:✦✦✦★★

耐受温度:5~35℃

休眠期:夏季短暂休眠

繁殖方式:砍头、叶插、分株

常见病虫害:病虫害较少

阿尔的心得:冬季放在温暖向阳的地方,能够使昼夜温差达到最大,也能使日照更充足,这样的环境最容易养出粉嫩的颜色和紧凑的株型。当然纯颗粒土的介质能够更好地提升植株的美感。

养护方法相近品种:——
姬胧月

织锦

景天科 拟石莲花属

织锦的叶片先端呈三角形，浅绿色，叶缘有不规则小褶皱或凸起，辨识度非常高。喜欢温暖、干燥的养护环境，可接受全日照。冷凉季节光照充足的情况下，会呈现出轮廓清晰的鲜红色叶缘，稍带有透明的白色边线。光照不足，颜色容易退化，甚至整株变成浅绿色。

养护进阶

新人一养就活：织锦是好看又好养的品种。对水分不是特别敏感，幼苗和成株浇水多点少点都没有太大问题，老桩需要注意控制浇水量。叶插成活率极高，而且容易出多头。不过小苗娇嫩，养护过程中一定要避免强烈的日照，初夏时，一不小心小苗就会被晒化水。等群生小苗长大后，可以进行分株或砍头繁殖。

养出好状态：织锦是比较容易养出好状态的，只要注意多晒太阳，使用透水、透气的介质栽培，配合适当的控水就可以了。生长速度也比较快，长成老桩后要特别注意夏季通风，减少浇水量，否则老桩木质化的茎秆容易萎缩、腐烂。

养护一点通

浇水频率：🌢🌢🌢🌢🌢
日照时长：☀☀☀☀☀☀
出状态难度：⭐⭐⭐⭐⭐
耐受温度：5~35℃
休眠期：全年生长，休眠不明显
繁殖方式：叶插、分株、砍头
常见病虫害：病虫害较少

极致状态

一般状态

阿尔的心得：织锦叶插非常容易，小苗大部分为多头群生，待长大后特别有成就感。但是小苗的养护不能"见干见湿"，应该勤喷雾或浇水，保证土壤有良好的透气性和保水性。

妮可莎娜

景天科 拟石莲花属

和艾格尼丝玫瑰很相似，都是叶片宽大、肥厚，像盛开的玫瑰花。但妮可莎娜的叶片有磨砂质感，叶片前端比基部肥厚，而且叶缘红边没有艾格尼丝玫瑰明显。妮可莎娜日常为绿色，温差增大的冷凉季节，外围叶片会变果冻黄色，叶缘有晕染的粉红色，非常清新。

养护进阶

新人一养就活：非常好养的品种，价格也很便宜。喜欢日照，养护环境应保持干燥、通风。春秋季节可半月浇水1次，夏天和冬天可以1个月浇水1次。施肥最好在春秋两季进行，并注意适量施用。繁殖方法很多，叶插、砍头、分株、播种都可以，刚刚开花的花箭也可以剪下来扦插。但叶插、砍头是新人首选的繁殖方式。

养出好状态：夏季遮阴后容易徒长，要适当控水，并加强通风，不然茎秆徒长会导致株型散乱，可利用木棒和丝线固定植株，使之维持良好的造型。想要得到结实挺拔的老桩，一定要从始至终控制好浇水，给予最充足的日照。

养护一点通

浇水频率：💧💧💧💧💧
日照时长：☀☀☀☀☀
出状态难度：⭐⭐⭐⭐⭐
耐受温度：5~35℃
休眠期：全年都可生长，休眠期不明显
繁殖方式：叶插、砍头、分株
常见病虫害：病虫害较少

妮可莎娜出状态后，叶片是通透的黄绿色。

阿尔的心得：我很喜欢妮可莎娜的质感，本身带有一点磨砂感，颜色又非常柔和。冬季不需要太多日照就会呈现出从嫩黄到嫩绿的渐变，日照增多叶缘会增添一抹粉红色。

养护方法相近品种：马库斯

绿豆

景天科 风车草属

与蓝豆一样是迷你型多肉，在"豆豆"家族中算个头比较大的。叶片先端比基部肥厚，顶端也有红点，被覆白霜。绿豆一般为淡绿色，秋冬冷凉季节具备长日照和大温差的条件，可整株变橙色，顶端红点也会更红。

如果养护得当，绿豆在秋冬季节能够呈现出橙黄色。

养护一点通

浇水频率：🌢🌢🌢🌢🌢
日照时长：☀☀☀☀🌞
出状态难度：⭐⭐⭐⭐⭐
耐受温度：5~35℃
休眠期：全年生长，休眠不明显
繁殖方式：叶插、砍头、分株
常见病虫害：病虫害较少

养护进阶

新人一养就活：绿豆喜欢阳光充足、凉爽、干燥的环境，不耐寒，耐干旱。春秋季节是它的生长期，可以全日照养护。夏季要适当遮阴，并放在通风良好的环境中养护。冬季可以放在室内向阳处进行养护。叶插出根出芽率比较高，而且绿豆自然生长容易长侧芽，是爱爆盆的品种，可砍头，也可对其进行分株，几种繁殖方法都比较容易成功，繁殖能力很强。

养出好状态：虽然绿豆比较容易养活，但是养护方式不当很容易造成植株干瘪、无生机，或者是茎秆徒长、匍匐生长。建议选择和植株大小相配的花盆栽种，不要使用过大过深的花盆。土壤疏松、透气，具有一定的保水性即可。浇水视植株底部叶片的饱满程度而定，掌握不准浇水量的话，采用浸盆的方式比较保险。

阿尔的心得：为了更好地控制株型，更迅速地养出颜色，可以选择较小的花盆。秋冬季节尽可能多接受充足日照，叶色才会艳丽。日照太少则叶色浅，叶片排列松散。想要叶片更加肥厚，需要让盆土干燥的时间稍微延长一些，然后再浇水。

子持白莲

景天科 拟石莲花属

小巧可爱的石莲花，特别容易爆出侧芽，短短一个春天就会爆盆。叶片浅绿色，稍有白霜，紧密排列呈小小的莲花座。温差大、光照充足的条件下会变成粉红色。春季容易长侧芽，一般侧芽的茎会伸得很长，好像许多手臂伸出来一样。

养护进阶

新人一养就活：喜欢阳光充足、干燥、通风的环境，疏松、透气并且排水良好的土壤。春秋尽量全日照，夏季短暂休眠要遮阴，冬季养护环境尽量保持不低于5℃。繁殖能力也特别强，侧芽剪下来，插入湿润的土壤中，一个星期左右就会生根继续生长。叶片扔到土壤表面，半阴养护很快就会出根出芽。另外也可以选择砍头，基座会生出更多的小芽来。

养出好状态：一般子持白莲在长侧芽时，茎秆往往特别长，影响美观，在侧芽萌生初期就需要加强日照，并适当控水。日照对塑造株型非常重要，所以尽可能多地让它晒太阳吧。

养护一点通

浇水频率：💧💧💧💧💧

日照时长：☀☀☀☀☀

出状态难度：★★★★★

耐受温度：5~35℃

休眠期：夏季短暂休眠

繁殖方式：分株、砍头、叶插

常见病虫害：病虫害较少

增加日照时间，子持白莲的颜色还会更粉嫩，小图为生长季状态。

阿尔的心得：经过春夏的生长，你的子持白莲肯定长出了很多的侧芽，可能会变得非常杂乱，这时候就需要你进行必要的修剪，顺带还能繁殖更多的小苗。如果不想让小芽的"脖子"伸长，就要给它最多的日照，然后注意通风和控水。也许是这个品种本身的特性，无论怎么控水，在夏季它的茎秆还是会有点伸长的。

露辛达

景天科 拟石莲花属

是比较大型的石莲花品种,外形和菲欧娜十分相似。叶片都是匙形,长而肥厚,被覆白霜,只是菲欧娜的叶尖没有露辛达圆润。两者差别比较小,自己养过就容易区分了。繁殖方式可选择叶插、分株或播种。叶插选取肥厚健康的叶片,非常容易成活。

养护进阶

新人一养就活:生长期需要适度控水,不能大水漫灌,通风不好的情况下更要减少浇水量。叶片肥厚,储水能力强,所以可以耐受较长时间的干燥。最怕湿热环境,所以配土要疏松透气,花盆也要透气才好养活。如果花盆透气性差,千万不要让它淋雨,连续阴雨天气也要减少浇水。夏季高温需要遮阴,并在初夏喷洒杀菌剂,防止病菌感染造成黑腐。叶插前注意晾干叶子的生长点,出芽前应注意增加叶片周围的空气湿度,避免阳光直射,出根后可隔1天喷水一次,保持土壤湿润。

养出好状态:夏季需要避开中午的烈日,最好能够接受早上和傍晚的日照,不然日照时间太短,叶片容易变长、变稀松,影响株型的紧凑。

阿尔的心得:露辛达的习性和大部分石莲花一样,多晒、少水是养出好状态的基本条件。另外,可在春秋施用缓释肥,能够使叶片变得更加肥厚。不喜欢施肥的朋友,可以利用控水来给多肉"增肥"。建议使用透水、透气较强的配土,浇水后能够快速干燥,常使根系处于干爽的环境。

养护一点通

浇水频率:💧💧💧💧💧
日照时长:☀☀☀☀☀
出状态难度:⭐⭐⭐⭐⭐
耐受温度:5~35℃
休眠期:夏季高温休眠
繁殖方式:叶插
常见病虫害:介壳虫、黑腐病

露辛达的颜色变化比较多,橙黄色、粉紫色都非常漂亮,但一般时候都是如小图的状态。

山地玫瑰

景天科 莲花掌属

非常容易群生的品种。叶片比较薄，翠绿色，生长期如盛开的玫瑰。夏季休眠明显，外围叶片枯萎，叶片紧包，如含苞的玫瑰，有"永不凋谢的绿玫瑰"之美称。花期在春末夏初，总状花序，花黄色。花朵开败或种子成熟后，母株会逐渐枯萎，但基部会长出小芽。

山地玫瑰特别容易长侧芽，半年时间就可以从单头长成捧花状的群生。

养护一点通

浇水频率：💧💧💧💧💧

日照时长：☀☀☀☀☀

出状态难度：⭐⭐⭐⭐⭐

耐受温度：5~35℃

休眠期：夏季休眠

繁殖方式：播种、分株

常见病虫害：病虫害较少

养护进阶

新人一养就活：山地玫瑰喜欢凉爽、干燥和阳光充足的环境，生长速度一般，容易从基部长出小芽。夏季高温会休眠，此时应注意加强通风，控制浇水，使植株在通风、干燥、凉爽的环境中度过炎热的夏季。避免烈日曝晒，更要避免雨淋，以免因闷热潮湿引起植株腐烂。繁殖主要是播种和分株。

养出好状态：生长季要多晒，适当控水，不然叶片会比较松散，茎秆细长。入夏前叶片半包拢的状态非常美，休眠后注意减少浇水，适当遮阴。入秋后叶片逐渐伸展时给水要小心，应逐渐增大浇水量，不能立刻大水浇灌。

阿尔的心得：山地玫瑰即使处于深度休眠状态也不能完全断水，浇水量把握不好的话，可以采用浸盆的方式，稍在水中浸几秒，浸湿底部土壤就可以。

休眠的山地玫瑰要放置在阴凉通风处，并减少浇水，但不能断水。

女雏

景天科 拟石莲花属

喜温暖、干燥和阳光充足的环境。比较小型的石莲花品种，单株冠幅约为 3 厘米，常见群生株，叶片卵圆形，先端急尖，控水后一般向内聚拢，形成非常漂亮的莲座状。夏季一般为绿色，秋冬颜色会转变为粉红色或红色。

养护进阶

新人一养就活：女雏还算比较好养活的，配以疏松透气的沙质土壤，浇水见干见湿，放置在阳光充足且通风处就能很好的生长。成株非常容易群生，加之叶片密集，夏季的通风就显得尤为重要，另外还要防晒。女雏叶插非常容易成功，保持土壤湿润，一周内便可出根出芽。出根后要循序渐进晒太阳。女雏特别容易群生，群生后也可以进行分株繁殖。

养出好状态：当女雏适应了所处的养护环境后，就能够在冬季呈现好的状态。春秋季节有 10℃ 左右的温差就能看到红边边，再加上每天 4 小时以上的日照，粉嫩的颜色就会更多，还更鲜艳。如果光照强度比较大的话，颜色会更浓烈、妖艳。浇水要见干见湿，不要往植株"身上"浇，叶心积水容易导致烂心，可造成整株死亡。生长旺盛期可适当施肥，能令株型更丰满。

阿尔的心得：大部分地区冬季是女雏比较漂亮的季节。光照越充足，昼夜温差越大，叶片的色泽越鲜艳。不同条件下养出的颜色会有些许差别，喜欢粉嫩的颜色就要想办法降低紫外线强度，喜欢浓烈一点的颜色就可以多晒晒太阳。南方冬季不低于 5℃，保持盆土干燥就能安全过冬。

相似品种比较

花月夜：女雏的叶尖突出，叶片明显细长，花月夜的叶片肥厚。而且，花月夜叶片顶部明显比基部厚。

吉娃莲：吉娃莲叶片厚且宽，先端是急尖，而女雏的叶片较窄而且密集，先端是逐渐变尖的。

养护一点通

浇水频率：🌢🌢🌢🌢🌢

日照时长：☀☀☀☀☀

出状态难度：⭐⭐⭐⭐⭐

耐受温度：5~35℃

休眠期：夏季高温休眠

繁殖方式：叶插、砍头、分株

常见病虫害：病虫害较少

红爪

景天科 拟石莲花属

别名"野玫瑰之精"。叶片白绿色，被覆白霜，叶尖明显，似猫爪。
温差大、阳光充足的环境下，叶尖会变红，但叶片基本不会变色。
有少数人能养出下图极致状态的颜色，更少有人能养出整株粉红的
状态。生长适宜温度为10~25℃，耐干旱，不耐寒。

一般红爪只有叶尖红，很少有把叶片
养出粉红色的。

养护一点通

浇水频率：💧💧💧💧💧
日照时长：☀☀☀☀☀
出状态难度：⭐⭐⭐⭐⭐
耐受温度：5~35℃
休眠期：夏季高温短暂休眠
繁殖方式：叶插、砍头、分株
常见病虫害：病虫害较少

养护进阶

新人一养就活：夏季高温达到35℃左右就
要适当遮阴、通风，冬季放在室内光照强的
地方继续养护即可。比较皮实的品种，生
长速度也快，2年养成老桩不成问题。叶插
也非常容易，很多刚出芽时都是在生长点
围成一圈，根从中间长出来，这时候可以把
叶片竖立起来，用东西固定住，可以给叶插
苗更多的生长空间。

养出好状态：夏季不注意控水容易徒长，不
过也可以在秋季选择砍头，让底座重新萌
生小芽，塑造多头的群生造型。如果不喜
欢砍头后的桩子，就要多用颗粒土，少浇水，
多晒太阳，避免徒长。虽然红爪比较耐旱，
但是控水太久，容易造成底部叶片褶皱、变
软，进而下垂，所以，还是要适当控水才能
有好的品相。

阿尔的心得：叶片转变成粉红色，几乎可
以算是极致状态了，这时候植株的健康状
况其实是非常不好的，搞不好就容易"虐
死"。所以，在追求状态的时候还是建议大
家适可而止。

养护方法相近品种：
大和锦

黑爪

景天科 拟石莲花属

叶片细长，被覆白霜，有红褐色叶尖，呈莲花座状排列。喜欢光照充足的环境，缺少日照叶片会变得稀松、细长，颜色也会变成灰白色。日照充足，且温差大的环境下，叶片会转变为通透的粉红色，并向内聚拢，叶尖也会变成黑色，非常呆萌。

养护进阶

新人一养就活：黑爪喜欢凉爽、干燥的环境，夏季高温有短暂休眠，耐半阴，怕水涝。所以浇水要见干见湿，避免花盆底部积水，夏季休眠时应遮阴、通风。土壤可选择营养土和颗粒成 3:7 比例混合的土壤。完整饱满的黑爪叶片非常容易繁殖，也可以选择多年群生植株进行分株或砍头繁殖。

养出好状态：全日照的环境养护会使叶片排列紧密，株型矮壮，所以尽量让植株多晒太阳。秋季气温适宜黑爪生长，可以适当施肥，也可以多浇水几次。等到冬季有大温差时，就可以控制浇水，以保持粉嫩的颜色。

养护一点通

浇水频率：💧💧💧💧💧
日照时长：🌕🌕🌕🌕🌕
出状态难度：⭐⭐⭐⭐⭐
耐受温度：5~30℃
休眠期：夏季高温短暂休眠
繁殖方式：叶插、砍头、分株
常见病虫害：病虫害较少

好状态的黑爪叶片短而向内聚拢，叶片粉红，叶尖黑色，生长季的状态如小图。

阿尔的心得：黑爪出状态关键靠多晒，前提是根系非常健壮，不然即使颜色出来了，叶片也不够饱满，甚至是发皱的。这种情况就不要追求颜色了，适当增加浇水量，让根系恢复吸水能力才是最要紧的。冬季室内养护时应注意降低夜间气温，避免冷风直吹，空气湿度也要想办法提升上去。

花之鹤

景天科 拟石莲花属

株型较大,叶子很薄,翠绿色,无白霜,有红边。春、夏、秋三季叶色比较翠绿,红边颜色比较暗淡。冬季日照时间足够长的话,加上严格的控水,可以转变为比较通透的黄绿色,红边也更鲜艳。比较喜欢阳光充足的环境,不耐寒,忌暴晒。

养护进阶

新人一养就活:花之鹤很好养活,对土壤要求不高,可以选用珍珠岩、煤渣和腐殖土任意比例混合,保证有一定的透气、透水性就可以。浇水多少也没有太大关系,掌握不好的话,就选择"宁干勿湿",可以保证成活。

夏季需要注意遮阴和通风的问题。叶插不太容易成活,砍头和分株是比较好的繁殖方式,有兴趣的也可以试试播种,新人首选砍头。

养出好状态:生长季容易徒长,影响植株的美观,所以应控制浇水量,并加强通风,让土壤快速干燥。叶子比较薄,耐旱能力稍弱,底部叶片是否褶皱可作为浇水的依据。

阿尔的心得:花之鹤的颜色变化相信大家都能养出来,但是叶子的质感和通透度是很多人养不出来的。这里的关键因素还是适当的日照强度、长时间的日照、低温和较高的夜间湿度,太过强烈的日光只能让颜色变得更深,没有了通透感。

养护一点通

浇水频率:💧💧💧💧💧
日照时长:☀☀☀☀☀
出状态难度:⭐⭐⭐⭐⭐
耐受温度:5~35℃
休眠期:夏季高温休眠
繁殖方式:砍头、分株、播种
常见病虫害:病虫害较少

三色堇

景天科 拟石莲花属

叶子比较薄，长匙形，先端急尖，表面有淡淡的一层白霜，呈莲花座形紧密排列。三色堇的颜色变化比较丰富，弱光环境下为蓝绿色，光照充足时为浅绿色，昼夜温差大且阳光充足时，整株会从中心向外有蓝绿色、黄色、粉色的渐变，质感通透，非常清新迷人。

养护进阶

新人一养就活：喜欢温暖、干燥、阳光充足的环境，对土壤要求不高，耐旱，不耐寒。夏季连续几天超过35℃需要采取遮阴措施，或放置在半阴处养护，并加强通风。冬季低于5℃容易冻伤，需移至温暖的室内养护，并放在南向阳光充足的地方。叶片薄，叶插成功率比较低，一般采取播种、砍头或分株的方法繁殖。

养出好状态：生长季注意施肥和适度浇水，养好根系，晚秋和冬季尽可能地多晒太阳。在植株健康的状况下，可以严格控水，至底部叶片干枯、发黄后再给水。如果能够有较大的昼夜温差，养出好状态绝对没有问题。

三色堇颜色变化丰富，但生长季一般为浅绿色。

养护一点通

浇水频率：💧💧💧💧💧

日照时长：☀☀☀☀☀

出状态难度：⭐⭐⭐⭐⭐

耐受温度：5~35℃

休眠期：全年都可生长，休眠期不明显

繁殖方式：播种、分株、砍头

常见病虫害：病虫害较少

阿尔的心得：三色堇的颜色多变是它的特点，除此之外，还应该注意株型的紧凑和叶片的紧包程度。通过加强日照时长和控水，可以达到比较好的状态。

养护方法相近品种：
露西

小蓝衣

景天科 拟石莲花属

比较小型的多肉品种，单头直径在 3 厘米左右，容易群生。叶片肉质肥厚，顶端有尖，并有少许毛刺，叶表面有薄霜。生长季节为蓝绿色，昼夜温差大，日照充足时会整株变成紫红色，叶背颜色更容易保持。春末夏初开花，花红色，尖端黄色，钟形。

极致状态

一般状态

小蓝衣出状态后叶片变得比较短，颜色变蓝紫色，非常呆萌。

养护一点通

浇水频率：🌢🌢🌢🌢🌢
日照时长：❄❄❄❄❄
出状态难度：⭐⭐⭐⭐⭐
耐受温度：5~30℃
休眠期：夏季短暂休眠
繁殖方式：砍头、分株
常见病虫害：黑腐病

养护进阶

新人一养就活：小蓝衣和小红衣都是不太容易度夏的品种，不过小蓝衣稍微好一些。因为叶片小而密集，所以夏季高温时要特别注意通风，还要减少浇水量并适当遮阴。春季需要适当施肥，保持土壤稍微干燥，养好根系，这样才能更好地度夏。叶插比较困难，建议新手选择砍头或分株繁殖。

养出好状态：小蓝衣忌高温湿热的环境，浇水尽量要少，夏季有时间并且有条件的话，可以采取人工降温，比如用电风扇吹，或在花盆外围放置冰块等。秋季浇水量慢慢增加，冬季也不能浇水过多，还应放在阳光充足的环境下养护。

阿尔的心得：小蓝衣比较喜欢凉爽、干燥的环境，所以空气湿度大的时候就要减少浇水次数了。群生后的小蓝衣最好进行砍头或分株，保留一些小苗，俗称"备份"。小蓝衣在春季气温高的时候也有可能被晒伤，所以，从春季开始就要多关注天气预报的气温，及早做好小蓝衣的遮阴工作。

养护方法相近品种：＿＿＿
白闪冠

花乃井

景天科 拟石莲花属

比较迷你的多肉品种，单头直径在3厘米左右，容易群生。叶片肉质肥厚，叶端钝尖，被覆白霜，叶片紧密排列呈莲花形。大部分时候，叶片为蓝绿色或绿色，冷凉季节有足够的日照可整株变粉。四季的颜色变化比较丰富，从蓝绿到粉红再到粉白。

养护进阶

新人一养就活：花乃井喜欢阳光充足且凉爽、干燥的环境，耐旱，不耐寒，怕高温、湿热。夏季少量浇水，保持盆土稍微干燥，要适当遮阴并加强通风，春秋要求有足够的日照，浇水见干见湿，冬季室内养护要少量浇水，并延长浇水时间。叶插和分株都比较容易成功，砍头不太容易下刀。新人首选分株繁殖。

养出好状态：花乃井本身容易群生，根系较多，所以花盆要选择口径比较大、高度适中的，这样浇水后，水分可以更加快速地蒸发，植株也能更好地生长。长时间使用颗粒土栽培，并遵循见干见湿的浇水原则，可以令叶片更加肥厚。冬季适当调节室内温度，制造大的昼夜温差可令颜色更艳丽。

养护一点通

浇水频率：💧💧💧💧💧

日照时长：🌞🌞🌞🌞🌞

出状态难度：⭐⭐⭐⭐⭐

耐受温度：5~30℃

休眠期：全年生长，休眠不明显

繁殖方式：分株、叶插

常见病虫害：黑腐病

花乃井特别容易群生，叶片比较密集，夏季应注意加强通风。

阿尔的心得：花乃井不太容易徒长，叶片紧凑，与土壤之间的接触比较多，通风不够，所以一定要铺面，可以隔离湿润的土壤和有害的病菌，而且还能提升美观度。在换盆时，最好清理一下枯叶和根系，进行充分的晾根后再上盆，否则容易感染病菌。如果在夏季出现局部叶片变色的情况也要提高警惕，可能是病菌感染引起化水的前兆。

广寒宫

景天科 拟石莲花属

被肉友列为"薄叶三仙"之一，另外两个是晚霞和蓝光，这几个品种都非常受欢迎。属于大型的多肉品种，单头成株可达 30 厘米。广寒宫宽大、被厚粉的叶片非常有辨识度，覆盖在叶片上的完美白霜在粉色叶缘的衬托下，显得仙气十足。

广寒宫在秋冬季节出状态是叶缘粉红色的，叶片雪白，有仙子的感觉。

养护一点通

浇水频率：💧💧💧💧💧
日照时长：☀☀☀☀☀
出状态难度：⭐⭐⭐⭐⭐
耐受温度：0~35℃
休眠期：夏季短暂休眠
繁殖方式：播种、砍头
常见病虫害：病虫害较少

养护进阶

新人一养就活：广寒宫习性强健，耐高温也耐旱、耐寒。长期露养的健康植株，在通风良好的情况下，夏季可以不用遮阴，冬季0℃以上可以安全越冬。浇水遵循见干见湿的原则，夏季注意通风和适度控水就行。广寒宫叶片纤薄，不容易叶插，而且自然生长很难长侧芽，所以繁殖一般靠播种和砍头。新手繁殖最好采用砍头的方式。

养出好状态：广寒宫喜欢充足的日照，日照不足叶片会变得细长，白霜也比较薄。充足的日照和适度的控水可以令叶片宽、短且肥厚，叶片也不会徒长。土壤的颗粒比例可以稍微大一些，有利于控型。每次浇水一定要注意，不要浇到叶片上，更不要用手去摸，被蹭掉白霜后，广寒宫的颜值将大打折扣。秋冬季节一定要给予广寒宫最长时间的日照，在温差大的情况下，整个叶片都可能呈现出淡淡的粉红色。

阿尔的心得：叶片白霜完整可大大提高观赏性，所以尽量不要触碰叶片，避免淋雨，浇水要沿盆边浇，或者采用浸盆的办法。另外，花盆可稍微选大一点、深一点的，这样三五年内不用换盆，减少了叶片白霜受损失的概率。

晚霞

景天科 拟石莲花属

"薄叶三仙"之一,由广寒宫杂交而来。相比广寒宫,叶片更加宽大,白霜较薄,叶边有不规则卷曲。出状态后非常容易区分;晚霞的叶子颜色是红色、深红色,就像天边的晚霞一样;广寒宫的叶缘是比较粉的,大部分叶片还是白色或微微发蓝的。

养护进阶

新人一养就活:晚霞习性强健,春秋可以全日照,夏季高温会休眠,要遮阴并放在通风良好的位置,冬季气温保持在3℃以上可以安全过冬,保持10℃能够缓慢生长。晚霞属于好养活,又容易出状态的品种。只是叶片薄,同样不适合叶插。繁殖方式以播种和砍头为主。多年生老桩会生出侧芽,这时可采取分株繁殖。砍头或分株后需要注意在通风、阴凉处晾干伤口,通常需要一两天的时间,如果是木质化的杆子,建议插入蛭石中发根。

养出好状态:晚霞比较容易养出好状态,保证每天4小时以上的日照和10℃左右的昼夜温差,晚霞就能变得火红。多晒、少水,永远是养出好状态的关键。

阿尔的心得:晚霞本身生长特别缓慢,容易长出粗壮的半木质茎秆,所以浇水量要少一些,不然容易黑腐。同时也要尽量保持完美的白霜,这样的晚霞才更具仙气。

养护方法相近品种:
女王花笠

养护一点通

浇水频率: 💧💧💧💧💧
日照时长: ☀☀☀☀☀
出状态难度: ⭐⭐⭐⭐⭐
耐受温度: 3~35℃
休眠期: 夏季高温会休眠
繁殖方式: 播种、砍头、分株
常见病虫害: 病虫害较少

晚霞出状态的颜色红中透着紫色,在众多多肉中非常耀眼。

赫拉

景天科 拟石莲花属

比较受欢迎的薄叶系列,也属于大型的多肉品种。叶片纤薄、宽大,
白霜较薄,叶边红色,叶尖突出。一般情况下,叶片为深绿色或蓝
绿色,叶缘微微泛红。昼夜温差大的冷凉季节,接受充足日照后会
变成粉红色,叶缘边线颜色鲜红,非常明显。

养护进阶

新人一养就活:赫拉喜欢阳光充足、凉爽、
干燥的生长环境。春秋季节可以全日
照,夏季适当遮阴,并注意通风
和控水,冬季低于5℃需要
移至室内养护。繁殖方式
主要有播种、砍头、分株。
播种苗不容易带大,叶
插成功率比较低,新人
首选砍头、分株,砍头后
的底座也会萌发新芽。

养出好状态:每天4小时以上的日照
是少不了的,虽然薄叶的多肉相对更喜
水,但为了保持叶片的紧凑,还是要控水的。
另外缺少光照也容易让叶片向外摊开,影
响美观,所以还是要保证每天晒够4小时。

阿尔的心得:赫拉控水比晚霞和广寒宫要
严格一些。如果株型还不理想的话,可考
虑换成纯颗粒土。另外在春秋施用一些缓
释肥,适当多给水,养好根系,更有利于冬
季养出好状态。好的状态不是一朝一夕就
能养出来的,个人建议在上盆半年内还是
要以养活为目的,不能过分"虐",经历过
一个生长季后才可以开始缓慢地控水,这
个过程也要循序渐进。

极致状态

一般状态

出状态后的赫拉颜色粉红,比晚霞显
得秀气些,小图为生长季状态。

养护一点通

浇水频率:🌢🌢🌢🌢🌢
日照时长:☀☀☀☀☀
出状态难度:⭐⭐⭐⭐⭐
耐受温度:5~35℃
休眠期:夏季高温休眠
繁殖方式:播种、砍头、分株
常见病虫害:病虫害较少

央金

景天科 拟石莲花属

也是叶子比较薄的多肉品种,叶片比较宽,白霜较少,叶尖较长而且稍微向内勾。夏季一般叶子底色是绿色,边缘为红色,大红大绿搭配非常有生机。温差大的秋冬季节叶片上色部分逐渐增多,光照充足时整株会呈现出鲜红色或深红色,好像一团火焰一样。

养护进阶

新人一养就活:央金习性强健,对土壤要求不高,用任意你喜欢的颗粒土和腐殖土或园土等混合,比例大概1:1就好。春秋季节生长速度比较快,可以适当多浇水,但是夏季需要注意控制浇水量,并做好遮阴和通风工作。央金叶插成功率不高,但是比较容易群生,可以选取较大的侧芽进行分株繁殖。

养出好状态:如果日照不足,央金叶片会变得薄而窄,甚至叶面下垂,呈摊开状,没有立体感。这时候要想办法增加日照,再加上合理的控水,叶片会比较向内包拢,外形好看很多。控水注意不要太厉害,薄叶耐旱能力稍弱,如果控水太厉害会导致外围叶片严重枯萎,使植株看起来没有光泽,缺乏生机。如果你喜欢这种状态,当然也可以控水厉害一点。

央金的极致状态可以通体变得鲜红,不过红绿相间的状态也很养眼。

养护一点通

浇水频率:💧💧💧💧💧

日照时长:☀☀☀☀☀

出状态难度:⭐⭐⭐⭐⭐

耐受温度:5~35℃

休眠期:夏季高温休眠

繁殖方式:播种、分株

常见病虫害:病虫害较少

阿尔的心得:不要兜头浇水,尤其是夏季,如果浇水时不小心溅到叶片上,要及时用卫生纸或棉签吸干水分,不然容易产生晒斑,影响美感。央金的叶片较薄,出现缺水状况后,叶片容易萎缩、枯萎,所以控水力度要减小一些,不能让它过度消耗叶片。

—— 养护方法相近品种:
爱染锦

诺玛

景天科 拟石莲花属

别称"罗马""白诺玛",叶片一般为蓝白色,白霜较厚。在外形上和黛比有些相似,诺玛的叶片前端比黛比要宽大很多,出状态后颜色是橙黄色到紫色的渐变色,和黛比的差别就非常大了。诺玛喜欢干燥、凉爽的环境,耐高温、干旱,宜使用颗粒多的介质栽培。

养护进阶

新人一养就活:诺玛习性强健,可耐干旱和半阴,但不耐寒,冬季低于5℃需搬至室内养护。春秋季节是主要生长季,可给予最充足的日照。其生长速度快,而且容易群生,大约一年就需要换盆。换盆可选择春季或者秋季,配土以疏松、透气的沙质土壤为佳。盆土不宜过湿,浇水见干见湿,也可使盆土保持一段时间的干燥。诺玛非常容易繁殖,叶插、砍头都容易成活。

养出好状态:秋冬季节的大温差,加上长时间的日照,可使老叶变色为橙黄色,生长点附近叶片则为粉紫色。秋季可施一次长效缓释肥,冬季多晒太阳,叶片就会变得肥厚起来。新手注意尽量不要触碰叶片,否则会把叶片的白霜蹭掉。如果有灰尘可用气吹清理。

阿尔的心得:很多人说诺玛总是灰扑扑的颜色,没有生机的样子,养不出果冻色。其实,这需要根据你自己的环境,把控好浇水的频率和日照的强度,经历一个四季的时间适应,诺玛的颜色就会鲜亮起来。

只要把控好浇水的频率和日照的强度,灰扑扑的诺玛也能呈现出渐变色。

养护一点通

浇水频率:🌢🌢🌢🌢🌢

日照时长:☀☀☀☀☀

出状态难度:⭐⭐⭐⭐⭐

耐受温度:5~35℃

休眠期:全年都可生长,休眠期不明显

繁殖方式:叶插、砍头、分株

常见病虫害:病虫害较少

——养护方法相近品种:
蓝姬莲

劳埃德

景天科 拟石莲花属

劳埃德个头迷你，容易群生，颜色多变。一般叶片为蓝绿色，被覆白霜，稍微有点红边，叶尖稍长，冷凉季节温差增大后，可全株变成粉红色。喜欢温暖、干燥、阳光充足的环境，疏松、透气的沙质土壤。

养护进阶

新人一养就活：姬莲系列多肉相对比较难养，夏季高温都会休眠，需要遮阴、少水，并加强通风。春秋季节也要预防病虫害，土壤中可埋入呋喃丹、多菌灵等药物，或者溶解后喷雾。劳埃德很难叶插，一般采用播种和砍头、分株的方法繁殖。多年群生植株可剪取侧芽繁殖。

养出好状态：劳埃德夏季需要减少浇水量，每次少浇水，浇水次数每月可增加1次。如果能顺利度过夏季的话，秋季可逐渐增加浇水量，然后再开始控水，慢慢减少浇水量和浇水次数。尽可能多晒太阳，叶片粉嫩的颜色就会越来越多了。像劳埃德这种叶片比较密集的品种，最好给它铺面，可以增加底部叶片的通风，避免腐烂。冬季室内养护的可以调控夜间温度和湿度，使多肉处在大温差、高湿度的环境中，叶片颜色才会更粉嫩。

阿尔的心得：春秋两季多晒太阳，适当浇水，保持盆土稍微干燥，干燥时间不能太长，以免新生根系因长时间缺水而干枯。建议开始养护时以养好根系为目标，不要着急养出状态。

劳埃德出状态是通体粉红色的"包子"形，大部分时候它是小图的样子。

养护一点通

浇水频率：💧💧💧💧💧

日照时长：☀☀☀☀☀

出状态难度：⭐⭐⭐⭐⭐

耐受温度：5~35℃

休眠期：夏季休眠

繁殖方式：分株、砍头、播种

常见病虫害：介壳虫

极致状态

罗西玛

景天科 拟石莲花属

罗西玛是一个品种比较混乱的系列，图上是比较常见的罗西玛。叶片匙形，比较薄，无白霜，叶尖突出。大部分时候罗西玛的叶片底色为深绿色，秋冬季节温差增大，叶片边缘会出现鲜红色的红边，叶片也可能有不规则血点，这是正常现象。花钟形，黄色，先端绿色。

罗西玛翠绿的底色和鲜红的叶缘互相衬托，再加上大气的叶型，堪称完美。

养护一点通

浇水频率：💧💧💧💧💧

日照时长：☀☀☀☀☀

出状态难度：⭐⭐⭐⭐⭐

耐受温度：5~35℃

休眠期：全年生长，休眠不明显

繁殖方式：砍头、分株

常见病虫害：介壳虫

养护进阶

新人一养就活：罗西玛通常分为 A、B 两种，图中为罗 A，是比较好养的一款罗西玛。春秋两季生长季，生长速度不快，不过容易长侧芽。夏季高温需要遮阴，并且减少浇水量，保持盆土底部稍微湿润。千万不要大水浇，否则容易烂根。土壤最好颗粒土偏多一些。主要靠剪切侧芽扦插繁殖。

养出好状态：罗西玛耐旱，可加大控水力度。是否继续控水可以从叶片的包裹程度来判断。叶片向内聚拢，底部叶片枯萎，大部分叶片开始变软，这时候就不能再控水了。浇水过夜后，叶片能够迅速饱满起来说明控水力度还是比较合适的。如果发现，本来颜色很好的罗西玛，经过一次浇水，颜色就退了不少，这是很正常的现象，说明根系吸收了较多的水分。不用担心，只要日照充足，过几天它还是会上色的。

阿尔的心得：秋冬强烈的日照会造成叶片出现更多的血点，喜欢血点的可以大晒，不喜欢的话，就需要阻挡一部分紫外线，让罗西玛呈现出优雅、精致的样子。

蒙恰卡

景天科 拟石莲花属

黑色的叶尖特别出众,叶片表面覆盖一层厚厚的白霜。生长季一般是灰白色,秋冬冷凉季节,日照充足可透出一抹粉红色。生长速度比较慢,开花会更加消耗养分,致使底部叶片干枯。喜欢凉爽、干燥、通风的环境,耐旱,不耐寒。

养护进阶

新人一养就活:最好使用疏松、透气,并且有一定保水性的土壤,浇水见干见湿。夏季要减少浇水量,闷热环境要加强通风。缓盆期最好稍微频繁地少量给水。叶插成功率比较低,砍头、播种繁殖都可以。

养出好状态:低温也是养出好状态的一个因素,所以冬季室内养护时,夜间温度不宜过高,10℃左右即可,能够缓慢生长,也容易养出状态。温度过高,颜色不容易养出来。

阿尔的心得:因为白霜较厚,稍不注意就会破坏白霜的完整性。日常养护时尽量不要摸它的叶片,浇水也要特别小心,最好浸盆,还要经常用气吹清理灰尘,这样才能保持完美品相。

—— 养护方法相近品种:玛利亚

养护一点通

浇水频率:💧💧💧💧💧

日照时长:☀☀☀☀☀

出状态难度:⭐⭐⭐⭐⭐

耐受温度:3~35℃

休眠期:夏季短暂休眠

繁殖方式:播种、砍头

常见病虫害:病虫害较少

圆润萌宠系——增肥大作战

熊童子

景天科 银波锦属

叶片圆润萌蠢，非常可爱，是多肉圈里的卖萌明星。叶片表面有稀疏的短茸毛，常年绿色，叶缘有突起小尖，冷凉季节会变红，就好像熊掌上涂了指甲油。对光照需求较多，缺少光照，"爪子"不明显且不会变红。夏末至秋季会开红色小花。

熊童子鲜艳的"红指甲"是众多肉友的最爱。

养护一点通

浇水频率：💧💧💧💧💧

日照时长：☀☀☀☀☀

出状态难度：⭐⭐⭐⭐⭐

耐受温度：5~30℃

休眠期：夏季高温和冬季低温休眠

繁殖方式：扦插、播种

常见病虫害：病虫害较少

养护进阶

新人一养就活：熊童子喜欢干燥、凉爽的环境和疏松的土质，非常喜欢日照，对水分不敏感。新人浇水掌握不好频率的话，春秋可以每2周浇水1次，浇透都没关系；冬夏可以每周1次，水量要少，保持稍微湿润就可以。熊童子明显怕热，夏季养护不当非常容易掉叶子甚至整株死亡。所以在气温达到28℃时，就要考虑给它遮阴，并放置在通风的位置，减少浇水量。即便植株健康，它也比较容易掉叶子，遗憾的是熊童子叶插不太容易成功，掌握不好温度和湿度很难发芽。一般是剪取顶部枝条扦插繁殖。

养出好状态：充足的日照，可使株型更加紧凑。春秋季薄肥勤施能够令叶片更饱满。冬季控水加长时间的日照可以令"指甲油"更加浓艳，"熊掌"也可能会变红呢！当日照强度太强时最好适度遮阴，不然"指甲油"可能会变成黑红色的。

阿尔的心得：熊童子虽然非常可爱，可是如果叶片不够肥厚，呆萌感肯定迅速下滑。秋冬是养肥它的好季节，注意增加日照和严格控水，很快就能变得肉乎起来。

熊童子黄锦

景天科 银波锦属

是熊童子的斑锦变异品种，简称"黄熊"。叶型和熊童子一样，只是叶片中间部分有宽窄不一的黄色纵纹。在阳光充足、温差较大的生长环境下，叶片顶端的"爪子"会变成鲜红色。夏季超过30℃会进入休眠状态，冬季低温也会休眠。

个性养护

　　黄熊忌闷热，夏季高温要严格控水，浇水过多或过频会导致掉叶、烂叶。休眠期尽量减少浇水量，加强通风。平时尽量不要搬动，非常容易碰掉叶子，而且叶插成功率不高。如果不小心碰掉了叶子，只剩下杆子，照常管理也能够重新萌发新叶。

养护一点通

浇水频率：💧💧💧💧💧
日照时长：☀☀☀☀☀
出状态难度：⭐⭐⭐⭐⭐
耐受温度：5~30℃
休眠期：夏季高温和冬季低温休眠
繁殖方式：扦插、播种
常见病虫害：病虫害较少

熊童子白锦

景天科 银波锦属

也是熊童子的斑锦变异品种，简称"白熊"。它虽然是"白锦"但晒多了也会变成黄色，和黄熊的区别在于，它是叶片边缘或全部变色呈白色或黄色，而黄熊只有叶片中间部分变色为黄色。出状态的白熊"爪子"是粉红色的，更加可爱。

个性养护

　　浇水可用喷雾器喷水，顺便清理叶片上的灰尘和杂质。栽种这几种"熊"时，最好铺面，否则浇水溅起的泥土会影响美观。白熊全锦的枝条最好不要用来扦插，含叶绿素非常少，不能提供充足的养分供发根。

养护一点通

浇水频率：💧💧💧💧💧
日照时长：☀☀☀☀☀
出状态难度：⭐⭐⭐⭐⭐
耐受温度：5~30℃
休眠期：夏季高温和冬季低温休眠
繁殖方式：扦插、播种
常见病虫害：病虫害较少

桃美人

景天科 厚叶草属

桃美人是厚叶草属的栽培品种,深受大家喜爱。它喜欢温暖、干燥、光照充足的环境,无明显休眠期,生长比较缓慢。秋冬季充足光照和较大温差下,叶片会从蓝绿色转为粉红色或淡紫色,叶片白霜也会相对明显一些。缺少光照,叶片会是淡蓝绿色,茎秆也会徒长。

相似品种比较

桃之卵:桃之卵和桃美人的叶片形状非常相似,但是顶端没有钝尖,而且叶片呈现出蜡质感,比较亮。

白美人:也叫星美人,它的叶片是青白色,粉稍厚,秋冬季也不会呈现出粉红色。再有它的叶片顶端没有明显钝尖,且不像桃美人那么圆润。

养护进阶

新人一养就活:桃美人的耐旱性、适应性较强,适合新人养护。桃美人的叶片肥厚多汁,所以浇水次数应比其他品种少一些。尤其夏季要少量浇水,防止徒长和烂根,湿热天气要加强通风。特别需要提醒新人注意,桃美人的叶片顶端平滑,有轻微的钝尖,这是它明显区别于桃之卵的特征。

养出好状态:养活桃美人并不难,想要养出更好的状态就需要勤快的你变"懒惰"一点。桃美人的叶片肥厚,可以储存更多的水分,当你看到盆土干燥时也不用急着给它浇水,可以等它的底部叶片稍微发皱后再浇水。这样做能很好的控制株型,而且叶片也会更加饱满圆润哦!

阿尔的心得:像桃美人这类肥厚圆润的品种,主要是要养肥、控制株型,做到这些,颜色自然也就出来了。影响多肉株型的主要因素是日照时长和控水。当然,适当地强日照也可以令株型更紧凑,但不是主要因素,这里强调的是长时间的日照。如果养护环境日照时间低于4小时,那是很难养出好的状态的。

春　夏

2015.03.10　2015.04.08　2015.07.26　2015.09.10

桃美人出状态是粉红色
的，小图为一般状态，叶
片呈蓝绿色。

出状态

一般状态

养护一点通

浇水频率：🌢🌢🌢🌢🌢

日照时长：☼☼☼☼☼

出状态难度：★★★★★

耐受温度：7~28℃

休眠期：无明显休眠期

繁殖方式：叶插、砍头

常见病虫害：病虫害较少

2015.11.18　　　　2015.12.23　　　冬　　2016.01.01　　　　2016.02.10

桃之卵

景天科 风车草属

叶片肥厚圆润,无叶尖,表面被白霜,有蜡质光泽。生长速度比较快,老桩半匍匐或垂吊生长。喜欢温暖、干燥和阳光充足的环境,耐旱,不耐寒,低于5℃需要移至室内向阳处养护。叶插、砍头都比较容易繁殖,不过一般用叶插繁殖。

桃之卵状态特别好的时候叶片非常短,近乎球形,也就是所谓的"丸叶桃蛋"。

养护一点通

浇水频率：💧💧💧💧💧

日照时长：☀☀☀☀☀

出状态难度：⭐⭐⭐⭐⭐

耐受温度：8~30℃

休眠期：夏季高温和冬季低温休眠

繁殖方式：叶插、砍头

常见病虫害：病虫害较少

养护进阶

新人一养就活：春秋生长季可不用控水,大水浇灌,只是要保证土壤透水、透气。夏季高温需要注意浇水量,但不建议断水。冬季保持8℃以上可以安全过冬。春秋可以掰下健康的叶片叶插,非常容易出根出芽,小苗养护要经常喷雾,保持土壤湿润。阳光充足环境下长大的桃之卵小苗又胖又粉,特别萌。小苗养护中切忌施肥,腐殖土、园土等营养土中自带的养分足够它们生长所需。另外要注意夏天遮阴,太强烈的日照会直接将小苗晒死。

养出好状态：使用较大的花盆栽种更容易长高长大,如果喜欢紧凑的株型,可以采用较小的花盆配合透水、透气的介质栽培,这样大水浇灌也能够保持较好的状态。桃之卵长成老桩后,应注意每次的浇水量,木质化的枝干特别不耐水湿,建议老桩用透气性特别好的陶盆或素烧盆来栽种。

阿尔的心得：区别桃美人和桃之卵的最准确办法是看花。桃之卵的花序不规则,花星形,花瓣先端红色,中间黄色;桃美人是穗状花序,花钟形,花红色,花萼比较大,不能完全开展。

婴儿手指

景天科 景天属

比较小型的多肉品种，叶片圆锥形，叶先端钝圆，叶尖不明显，表面被覆白霜。光照不足时叶片颜色是灰蓝色，昼夜温差大的时候，阳光充足会变粉，好像新生婴儿粉嫩的小手。喜欢阳光充足、干燥的环境和疏松的土壤，不耐寒。

养护进阶

新人一养就活：习性强健，对土壤要求不高，疏松、透气、不易板结的土壤都可以。春秋季浇水可干透浇透，夏季要注意遮阴，并减少浇水量，冬季尽可能多晒太阳，并控水。叶片肥厚多汁比较好掰，也容易叶插，叶片在出根前应提高养护环境的空气湿度，以促进出根出芽。婴儿手指比较容易群生，可剪取侧芽扦插繁殖，更容易成活。

养出好状态：缺少光照，叶片会变灰蓝色，茎秆徒长，品相不佳，即使夏季遮阴也不可太过。春秋季节浸盆浸透，见干见湿，有利于根系的生长，冬季开始严格控水加上适当的日照，可以令叶片更加饱满、圆润。南方的肉友不要为了追求好的颜色，而让婴儿手指在低于5℃的户外环境中"锻炼"。多肉的抗寒能力并不强，只有少部分常年露养的老桩可能禁得住寒冷的考验，大部分植株会在这样严苛的环境中死亡。

阿尔的心得：婴儿手指不耐高温，夏季需要遮阴并注意加强通风，春末可喷洒杀菌剂预防黑腐。露养的话需要经常用气吹清理表面灰尘，并尽量不要淋雨。

增加日照时间并合理控水就能得到如大图一样粉嫩的婴儿手指了。

养护一点通

浇水频率：💧💧💧💧💧

日照时长：☀☀☀☀☀

出状态难度：⭐⭐⭐⭐⭐

耐受温度：5~35℃

休眠期：夏季高温和冬季低温休眠

繁殖方式：叶插、分株

常见病虫害：病虫害较少

奥普琳娜

景天科 风车草属

通常简称为"奥普"，叶梭形，肉质，尖端圆钝，表面覆盖白霜。缺少光照的情况下，叶片是灰绿色，阳光充足，叶缘会变粉红色，昼夜温差大时，整株会变粉红色或更深的粉紫色。喜欢阳光充足、凉爽、干燥的生长环境，耐干旱，不耐寒，冬季5℃以下要注意防止冻伤。

奥普琳娜一般出状态颜色比较深，但也可以养出如图中这种清新的黄粉色。

养护一点通

浇水频率：🌢🌢🌢🌢🌢
日照时长：☀☀☀☀☀
出状态难度：★★★★★
耐受温度：5~35℃
休眠期：全年可生长，休眠期不明显
繁殖方式：叶插、砍头
常见病虫害：病虫害较少

养护进阶

新人一养就活：奥普习性强健，春秋浇水可见干见湿，夏季温度升高，要遮阴、加强通风，整个夏季少量给水，每周浸盆1次，保持底部土壤潮湿即可。室内养护环境不够通风的可以用电风扇对着多肉吹，一来能起到通风的作用，二来也可以降温。夏季奥普可能会在叶片上长出类似水疱的小凸起，这种病害除了影响美观外，并没有发现其他的危害，不过为了保险，还是需要在春季多次喷洒杀菌剂来预防。奥普徒长后可以砍头，重新栽种。叶插是比较常用的繁殖方式，奥普叶片肥厚，叶插非常容易成功，不过出芽时间略微长一些，需要多些耐心等待。

养出好状态：奥普叶片肥厚，可以耐受较长时间的干燥环境，所以冬季控水可以"狠"一些，这样更能养出肥肥胖胖地奥普。如果喜欢浇水可以配合红陶盆和纯颗粒土栽培，浇水频率可以高一些。

阿尔的心得：奥普夏季容易徒长，浇水要少，茎秆徒长后因为头部比较大，容易倒伏，可以想办法支撑起茎秆，长期支撑后茎秆会自然直立。也可以利用这种徒长，塑造出你想要的老桩造型。

苯巴蒂斯

景天科 拟石莲花属

通常简称为"苯巴",是大和锦和静夜的杂交品种。叶片短匙状,肥厚,叶背有明显的棱,叶尖明显。叶片为浅绿色,状态变化也是比较大的,冷凉季节叶尖非常容易变红,温差大、日照充足时能够整株变成淡粉色。喜欢温暖、干燥、通风良好的环境,忌闷湿,不耐寒。

养护进阶

新人一养就活:苯巴继承了大和锦的习性,对日照需求比较高,尽量多晒太阳,夏季也可以短时间接受日光直射;不喜欢潮湿的环境,浇水量要少,如果空气湿度高需要注意通风。可以多种方式繁殖,如叶插、砍头、播种、分株,新手可以尝试叶插繁殖,成功率比较高。

养出好状态:浇水应见干见湿,宁可让土壤干一些,也不要总是保持湿润,这样它的叶片才会更加肥厚。苯巴非常容易群生,而且叶片紧凑,夏季要注意通风。

阿尔的心得:苯巴根系须根多,根比较浅,所以花盆不用太深,这样水分蒸发比较快,土壤干湿交替可以更快一些。这样养出的植株更饱满,株型也不会徒长。

养护一点通

浇水频率:🌢🌢🌢🌢🌢

日照时长:☀☀☀☀☀

出状态难度:⭐⭐⭐⭐⭐

耐受温度:5~35℃

休眠期:全年可生长,休眠期不明显

繁殖方式:叶插、砍头、播种、分株

常见病虫害:病虫害较少

苯巴蒂斯单头直径在8厘米左右,容易群生。

劳尔

景天科 景天属

在阳光下能散发出淡淡的香味,非常受欢迎的品种。叶片肥厚,黄绿色,有白霜,冬季阳光充足时,叶片会变成果冻黄色,顶部粉红色,控水严格会整株变成粉红色,叶片质感通透,色泽柔和,非常可爱。劳尔容易群生,爆头特别厉害,多年生植株会木质化。

养护进阶

新人一养就活:喜欢温暖、干燥和阳光充足的环境,耐旱、耐半阴,非常不耐寒,冬季要特别注意防冻,最好在接近5℃时就移至室内养护。春秋特别容易徒长,要尽量接受长日照,并控制浇水频率。劳尔在春季开花时,可适当施肥。叶插、砍头繁殖都非常容易。

养出好状态:劳尔浇水稍多些,茎秆就会迅速拔高,叶片稀松,株型不够紧凑,所以,掌握合适的浇水频率是控型的基础。尤其在夏季,即便控制浇水还可能会徒长,这种情况就需要加强通风,如果通风条件不易实现可以选用口径大而且比较浅的花盆,这样能加速水分蒸发,让土壤迅速干燥。另外,就是要有足够长时间的光照,这样才能养出好的状态。

阿尔的心得:很多人都觉得劳尔很难上色,其实,还是没有控制住浇水,如果你比较喜欢浇水,建议使用全颗粒的配土,这样才能养出粉红色的劳尔。

劳尔的叶片可以养出透明的果冻黄色,加上淡淡的香味,很多人都为它着迷。

养护一点通

浇水频率:💧💧💧💧💧

日照时长:🌼🌼🌼🌼🌼

出状态难度:⭐⭐⭐⭐⭐

耐受温度:5~35℃

休眠期:全年生长,休眠不明显

繁殖方式:叶插、砍头

常见病虫害:病虫害较少

香草

景天科 拟石莲花属

由劳尔和静夜杂交而来,好像肥版的静夜。叶片肥厚,绿色,不通透,叶顶端钝尖,但没有静夜那么尖。光照充足的冷凉季节,叶缘会变红,叶片底色基本还是绿色。喜欢凉爽、干燥、通风的环境和疏松透气的沙质土壤。

香草继承了劳尔和静夜的优点,叶片肥厚,叶缘红线明显。

养护一点通

浇水频率: 💧💧💧💧💧

日照时长: ☀☀☀☀☀

出状态难度: ⭐⭐⭐⭐⭐

耐受温度: 5~35℃

休眠期: 全年生长,休眠不明显

繁殖方式: 叶插、砍头

常见病虫害: 病虫害较少

养护进阶

新人一养就活: 比静夜的习性强健,喜欢凉爽、干燥、通风的环境,土壤以疏松透气为宜。夏季需要遮阴,闷热天气要注意通风,阴雨天气不要浇水,晴朗天气须傍晚或晚上浇水。香草繁殖能力比较强,容易群生,可以剪取侧芽扦插繁殖,也可以叶插,成活率也比较高。

养出好状态: 和劳尔一样容易徒长,四季浇水都要注意不能太多,并多接受日照。发现徒长迹象,须移至通风良好且日照充足的地方。冬季低于10℃需要减少浇水,保持盆土干燥。比较不耐寒,为了保险起见,还是在霜降节气之前,大概是每年的10月中旬,采取保温措施吧。

阿尔的心得: 香草出状态颜色变化并不大,只是红边的范围会大一些,主要还是"养肥",圆润肥厚的叶片能够增加美感。使用透气性强的颗粒土,并配合适当的控水才能养出肥嘟嘟的香草。

香草和格林很像,区别是香草叶片底色不通透,格林颜色较为清新、通透。

小红衣

景天科 拟石莲花属

非常迷你的石莲花，单头直径在 3 厘米左右。叶片微扁卵形，先端圆润，叶尖明显，非常密集地排列成莲花形。日常为绿色，出状态为紧包的红色球体样。对通风要求比较高，不耐高温，不耐寒，不耐水湿，度夏难度比较大。繁殖主要靠播种和分株。

养护进阶

新人一养就活：喜欢凉爽、干燥和阳光充足的环境和疏松透气、排水良好的沙质土壤。因为度夏比较困难，俗称"夏必死"，所以做好夏季的养护工作非常关键。夏季浇水一定要少，想办法降低温度，并加强通风，遮阴尽可能重一些，就算徒长了也好过全部黑腐。夏季不要求有好状态，活着就好。新人不建议入手这个品种，如果特别喜欢的话，还是建议买单头的，群生虽然美，但是叶片太多太密，度夏更加困难。

养出好状态：夏季过去后要慢慢恢复浇水量，初秋还是需要谨慎一些。植株开始正常生长后就可以控水，接受全日照了，等昼夜温差足够大时，叶片就会从叶边逐渐开始变红，株型也会越来越紧凑。

阿尔的心得：度夏前要做好防虫、防黑腐的工作，连续 3 周每周分别喷洒 1 次杀虫剂和杀菌剂。为了避免夏季黑腐，新手最好在秋季购入，经历三个季节的养护，让根系变得强大后才能更顺利地度夏。如果对度夏没有把握，春秋季节要及时剪取侧芽进行繁殖，以免"全军覆没"。

极致状态

一般状态

小红衣属于迷你型多肉，易爆盆，但夏季容易黑腐，要控制浇水、加强通风。

养护一点通

浇水频率：💧💧💧💧💧

日照时长：☀☀☀☀☀

出状态难度：⭐⭐⭐⭐⭐

耐受温度：5~35℃

休眠期：全年都可生长，休眠期不明显

繁殖方式：播种、分株

常见病虫害：介壳虫、黑腐病

半球星乙女

景天科 青锁龙属

迷你型多肉，和小米星很像。叶片无柄、无毛，两两对生，上下叶片相互垂直，叶正面平，背面圆润似半球形，黄绿色，叶缘红色，光照充足时叶正面可全红。植株直立生长，容易产生分枝，多年生枝干会木质化。一般4~6月开花，花为淡粉色，星形，簇生。

养护进阶

新人一养就活：半球星乙女喜光也耐半阴，比较喜水，浇水可适当勤一些，但不能积水。夏季也不必控水，盆土长时间的干燥状态，容易使植株茎秆木质化，养护不当容易死亡，可经常砍头繁殖小苗。叶插也比较容易成功，需要在砍头后的枝干上取完好的一对叶片，放在湿润的土表，不久会从中间生出新叶。

养出好状态：半球星乙女非常喜欢光照，光照不足容易徒长，茎秆细软，叶片稀松。强日照和长日照的环境能够令植株茎秆矮小粗壮，不易徒长。有6小时的日照时长，浇水可稍频繁些，这样叶片会水嫩一些，控水太厉害，颜色会比较"干"。

阿尔的心得：半球星乙女生长速度比较快，可经常修剪，保持植株矮小直立的造型。如果长时间没有修剪，长成了"倒三角"的造型，需要借助外力维持直立，还要小心大风天气把植株吹倒伏。多年生长的植株，茎秆会木质化，植株吸水能力弱，这时候要减少浇水量。如果出现叶片干瘪，浇水后没有恢复的情况，就需要检查根系是否有问题。

养护一点通

浇水频率：💧💧💧💧💧

日照时长：☀☀☀☀☀

出状态难度：⭐⭐⭐⭐⭐

耐受温度：5~35℃

休眠期：全年生长，休眠不明显

繁殖方式：扦插、叶插

常见病虫害：病虫害较少

达摩福娘

景天科 银波锦属

叶片是椭圆形,叶片先端比较尖。叶片大部分时候是嫩绿色,光照充足的冷凉季节可变成嫩黄绿色,叶片边缘也比较红。茎秆比较细,不能直立生长,多年生植株可垂吊生长。开花是从枝条顶部伸出花茎,一枝花茎只开一朵较大的红色花朵,钟形,像个小灯笼一样挂在枝头。

养护进阶

新人一养就活:对光照需求相对较少,喜欢凉爽通风的生长环境。夏季高温需要遮阴,浇水量也要适当减少,并注意通风。气温特别高的天气可用电风扇或空调降温。比较喜欢稍微湿润的土壤,所以配土要求有比较高的保水性。主要靠扦插健康的枝条繁殖。

养出好状态:达摩福娘是相对喜水的品种,生长速度又非常快,所以茎秆特别容易长长,想要保持比较紧凑的株型就必须想办法增加日照时间。冬季可以悬挂到比较高的位置,这样接受日照的时间也会稍有增加。

阿尔的心得:很多人觉得养不出肥厚饱满的叶片,是因为施肥不够,其实不用施肥也可以养出胖胖的叶子。关键在于长时间的日照和严格的控水,使盆土迅速干燥,并维持一段时间,然后再给水,叶片就能储存更多的水分了。养护得当的话,它的叶片不仅圆鼓鼓的,还能有漂亮的橙红色边线。达摩福娘开花也很漂亮,是非常值得养的品种。

养护方法相近品种:
熊童子

极致状态

一般状态

达摩福娘养好了会有橙红色的边线,叶片颜色也是清新的嫩黄色。

养护一点通

浇水频率:💧💧💧💧💧

日照时长:☀☀☀☀☀

出状态难度:⭐⭐⭐⭐⭐

耐受温度:5~35℃

休眠期:全年生长,休眠不明显

繁殖方式:扦插

常见病虫害:病虫害较少

乒乓福娘

景天科 银波锦属

叶片成扁卵状至圆卵形，有厚厚的白霜覆盖，两两对生，无叶尖，叶缘有暗红或褐红色边线。茎秆粗壮，可直立生长。缺少日照的情况下，茎秆会徒长，叶片青绿色，气温降低后连续的晴朗天气可使叶片白霜增厚，边缘变成红褐色，稍有晕染。

养护进阶

新人一养就活：需要阳光充足和凉爽、通风的环境，稍耐半阴，怕水涝。夏季高温需要遮阴，并微量给水，浇水时间应选择在太阳下山后 2 小时。繁殖方式主要是扦插，剪取顶部枝干，并晾干伤口然后扦插在土壤中，25 天左右生根，而叶插出芽出根率非常低。

养出好状态：乒乓福娘叶表白霜比较厚，所以要避免淋雨。它特别喜欢日照，每天至少晒 4 小时，才能保证叶片不变长，不变稀松。秋、冬、春三季需要全日照，日照时间越长，叶片泛红的部分越多，整株看上去更加漂亮。夏季遮阴需要选择遮阳性能比较弱的遮阳网，不同地区的日照强度不同，可根据情况选择 3 针或 4 针的遮阳网。

阿尔的心得：乒乓福娘的特点就是圆润饱满，日照不足或浇水过频会导致叶片细长而且瘪，状态不是特别好。在你的养护环境条件比较差时，就需要通过比较长时间的控水来让叶片变"短肥圆"了。

养护一点通

浇水频率：💧💧💧💧💧
日照时长：☼☼☼☼☼
出状态难度：⭐⭐⭐⭐⭐
耐受温度：5~35℃
休眠期：全年生长，休眠不明显
繁殖方式：扦插
常见病虫害：病虫害较少

一般状态

乒乓福娘的叶子还可以养得更肥，像乒乓球一样圆润哦！

极致状态

芙蓉雪莲

景天科 拟石莲花属

比较大型的石莲花品种,成株直径可达 15 厘米左右。叶片肥厚、宽大、
先端圆润,叶表覆盖厚厚的白霜。夏季叶片灰绿色,秋冬季节,光照
充足,叶缘会泛红;若日照不足,叶片会比较细长,叶片底色变浅,而
呈现出白霜的颜色。喜欢温暖、干燥的环境,对水分不是特别敏感。

养护进阶

新人一养就活:习性比雪莲强健很多,对水分不太敏感。
植株根系健康的,春秋浇水见干见湿,水量比雪莲可以
多一些,夏季遮阴,稍微减少浇水量较好,比较容易度夏。
长期露养的健康植株,夏季也可以继续露养,不过多雨
天气要保证盆土不积水。新人注意一点,虽然芙蓉雪莲
生长速度比较快,但不要频繁给它换盆,每次换盆都要
损耗它的营养,所以,一开始就要用比较大的盆来栽培。
叶插繁殖瓣叶片比较困难,最好结合换盆一起进行,成
活率较低。

养出好状态:如果对生长速度没有要求的话,可以选择
纯颗粒土,这样植株生长速度慢,但叶型和颜色更容易
"虐"出来。颗粒土可选择 3~6 毫米的大小,土壤中的空
隙多而密,有利于根系的生长。养好根系后状态很快就
能养出来了。

阿尔的心得:叶片肥厚、短、宽的芙蓉雪莲是比较好的
状态。除了栽培的介质要疏松透气外,多晒太阳,并严
格控水,是养肥的基本技巧。增色的话就要靠增大昼夜
温差了,如果可能夜晚气温最好维持在 5℃左右。芙蓉
雪莲的白霜也比较厚,白霜保留完整的,出状态后颜色
会粉嫩一些,如果白霜保留不完整,颜色会偏深。

相似品种比较

雪莲:雪莲的叶片更圆润,叶
片更薄,叶尖不明显,白霜比
较厚。芙蓉雪莲比雪莲叶片
厚而硬挺,出状态后叶尖比
叶片颜色稍深。雪莲出状态
是整体粉红色,颜色均匀。

梦露:和芙蓉雪莲有非常微
小的差别,叶尖比芙蓉雪莲
圆润,比雪莲稍尖。出状态
后比较容易区分,梦露的颜
色更通透。

春 2015.03.24　　2015.05.01　　夏 2015.06.09　　2015.08.20

白霜保留完好的
芙蓉雪莲看起来
特别干净。

一般状态

极致状态

养护一点通

浇水频率：💧💧💧💧💧

日照时长：🌞🌞🌞🌞🌞

出状态难度：⭐⭐⭐⭐⭐

耐受温度：5~35℃

休眠期：全年生长，休眠不明显

繁殖方式：叶插、分株、砍头

常见病虫害：病虫害较少

秋

2015.11.18

2015.12.17

冬

2016.01.14

2016.02.27

葡萄

景天科 风车草属 × 拟石莲花属

中小型品种，叶片肥厚多汁，是个惹人爱的小胖子。整体株型和小和锦有点像，但比它更圆润、肥厚。夏季叶片为绿色，日照充足的秋冬季节会慢慢转变为红色。生长速度比较慢，但容易长侧芽，枝干容易木质化。喜欢温暖、干燥、通风的环境，对土壤要求不高。

葡萄的叶型和株型都是非常圆润的，无论什么颜色都很萌。

养护一点通

浇水频率：🌢🌢🌢🌢🌢
日照时长：☀☀☀☀☀
出状态难度：⭐⭐⭐⭐⭐
耐受温度：5~35℃
休眠期：全年生长，休眠不明显
繁殖方式：叶插、砍头、分株
常见病虫害：介壳虫、煤烟病

养护进阶

新人一养就活：习性比较强健，对水分需求不多。春秋可正常养护，尽量多晒太阳。夏季需要遮阴，高温闷热的天气需要加强通风。冬季保持盆土干燥的情况下可耐5℃低温，再低的气温容易冻伤，注意做好保温措施。夏季容易得煤烟病，春季应喷洒杀菌剂预防。如果出现煤烟病应摘除害病的叶片并对整株进行杀菌。叶插是主要的繁殖方式，砍头、分株也非常容易成活。

养出好状态：保持肥厚的叶片和紧凑的株型，一定要接受长时间的日照，日照太少则叶色浅，叶片排列松散，叶片变薄、拉长。浇水一定要等到土壤完全干透，长期湿润的土壤容易使根系腐烂。

阿尔的心得：夏季高温不需要断水，只是减少浇水量就可以。完全断水容易使细嫩的根系干枯，气温降低后的秋季不容易恢复生长，所以状态也不会特别饱满。有些人会出现把叶片养崩裂的情况，这可能是水浇得太多，根系吸收水分太多造成的。

养护方法相近品种：
月美人

红宝石

景天科 景天属 × 拟石莲花属

曾经是非常受追捧的品种，现在几乎人人必备。中小型品种，容易群生，生长速度较快。叶片长卵形，叶尖不突出，表面光滑无白霜。夏季叶片为翠绿色，其他季节光照充足的话，基本都可以变红，甚至整株变红。喜欢温暖、干燥的环境，对土壤要求不高。

养护进阶

新人一养就活：习性强健，对水分不太敏感，浇水量多一些少一些影响不大。比较容易度夏的品种，超过35℃适当遮阴，加强通风就可以。其他三季浇水可随意，冬季稍减少水量，还是"宁干勿湿"。繁殖方式非常多，叶插、砍头、分株都可以，叶插比较容易，但是叶片非常脆嫩，摘叶子比较困难，最好在换盆时进行。砍头和分株繁殖速度更快一些。

养出好状态：红宝石比较容易养出状态，见干见湿的浇水和充足的日照就能养出红亮亮的颜色。夏季变绿是不可避免的，不能过度控水，等到秋天自然会美回来的。

阿尔的心得：红宝石容易从基部长出小芽，小芽周围的叶片会渐渐发皱、枯萎，这是比较正常的现象。关于红宝石的颜色，很多人都能养出深红色的，即"猪肝色"，虽然上色了，但这种颜色太深，没有通透的质感。想要颜色是鲜亮的红色，需要避免强烈的日光直射，要适当降低日照强度。

养护一点通

浇水频率：💧💧💧💧💧

日照时长：☀☀☀☀☀

出状态难度：⭐⭐⭐⭐⭐

耐受温度：5~35℃

休眠期：全年生长，休眠不明显

繁殖方式：叶插、砍头、分株

常见病虫害：介壳虫、煤烟病

养出红宝石通透的红色需要降低日照强度，增加日照时间。

极致状态

玉露

百合科 十二卷属

晶莹剔透，如温润的玉石一般。常年翠绿色，先端圆润且半透明的部分，被称为"窗"，窗的透明程度也是判断品相的条件之一。喜欢半阴、凉爽、通风的环境。如果长期不见太阳或是浇水太频繁，叶片会长长，而且特别松散。耐干旱，不耐寒，忌高温潮湿和烈日暴晒。

养护进阶

新人一养就活：不需要太多日照的品种，日照太多，叶片会变灰黄色，及时放到半阴环境下养护，还会变绿。相对景天科多肉比较喜水，浇水量可大一些，但是盆土也不能有积水。夏季、冬季减少浇水量，也可以采用喷雾的方式，增加空气湿度。主要繁殖方式是分株。

养出好状态：虽然不太需要光照，但是也不能完全没有光照，适合在光线比较弱的地方养护。玉露的根系比较长且粗壮，应选择较深的花盆栽种，栽培介质最好颗粒土多一些，能够较好地透水、透气。忌强烈的日照，温和的日照能够令叶片更加通透。夏季和冬季可以使用喷壶对叶片进行喷雾，能够增加窗面的通透度。

阿尔的心得：秋冬气温比较低的季节，可以用较大的塑料瓶把玉露罩起来"闷养"，这样株型会更加紧凑，窗面会更加透亮。注意不能浇水后立刻闷养，也不要在夏季温度较高的时候闷养，罩起来的塑料瓶需有小孔透气。

养护一点通

浇水频率：💧💧💧💧💧
日照时长：☀☀☀☀☀
出状态难度：⭐⭐⭐⭐⭐
耐受温度：5~35℃
休眠期：夏季高温休眠
繁殖方式：分株
常见病虫害：病虫害较少

极致状态

一般状态

品相好的玉露是叶色翠绿，叶片短而紧凑，窗面面积大而透亮的。小图为稍有徒长的玉露。

生石花

番杏科 生石花属

非常可爱迷你的一类多肉，一年生的苗直径才 1 厘米大，生长速度非常慢。生长方式非常独特，通过蜕皮才能长大。品种非常多，各个品种的颜色和花纹都不同。花期一般在春季，花朵非常灿烂，一般以白色、黄色两种比较常见。

养护进阶

新人一养就活：喜欢温暖、干燥、阳光充足和通风良好的环境。春秋生长季可以大水浇灌，不积水就行；夏季和冬季休眠，需要减少浇水或断水。植株在蜕皮期间一定要断水，蜕完皮再浇水。新人注意，不要将生石花和景天科的多肉组合在一起栽种，它们的习性不太一样，日常养护不当很容易造成生石花死亡或景天科多肉生长不良。繁殖主要靠分株和播种。有些生石花在蜕皮后可能会变成双头，这时候就能采取分株的方法繁殖了。

养出好状态：生石花生长的适宜温度为10~30℃，虽然比较耐旱，喜欢光照，但是还是要避免春、夏、秋三季的强烈日照。但是如果光照不足也会发生徒长哦，生石花的肉质叶会变得瘦而高，顶端的花纹也会不明显。

阿尔的心得：生石花的根系浅而少，栽培介质又要求透水、透气，所以花盆底部可选择大颗粒的土壤，上部宜用比较细腻的腐殖土、河沙、椰糠、园土等。最好选择一些较大的颗粒铺面，可以帮助植株直立，且美观。

生石花有很多品种，主要靠颜色和顶部的花纹辨别。

养护一点通

浇水频率：💧💧💧💧💧

日照时长：☀☀☀☀☀

出状态难度：⭐⭐⭐⭐⭐

耐受温度：10~30℃

休眠期：夏季和冬季休眠

繁殖方式：分株、播种

常见病虫害：病虫害较少

——养护方法相近品种：
肉锥

果冻月影系——上色不停歇

冰莓

景天科 拟石莲花属

是月影系非常典型的品种，单头在 8 厘米左右，容易群生。叶子较为肥厚，先端钝圆，叶尖不明显，叶缘有半透明的冰边，生长点是扁扁的。夏季一般为灰蓝色，秋冬，叶片会紧包起来，并变粉红色。喜欢干爽、阳光充足的环境，耐旱，较为耐寒。

养护进阶

新人一养就活：习性比较强健，比较容易适应新环境。春秋季节上盆的话，湿土干栽，约 3 天后给少量水，再过大概一周可以浇透一次，之后植株生长点恢复生长，就可以正常养护了。冰莓非常容易群生，群生后要注意做好通风工作，剪下侧芽、摘取底部叶片等方法都可以达到通风的目的。叶插成活率不高，一般采用分株和砍头繁殖。

养出好状态：夏季高温生长缓慢，处于浅休眠状态，给水不能太多，同时需要做好遮阴、加强通风的工作。秋季尽量多给水，促进根系生长；冬季可以慢慢减少浇水量并拉大浇水间隔，好状态慢慢就会呈现出来。

阿尔的心得：冰莓生长速度快，如果不愿意换盆，可以选择稍大一些的盆栽种，并使用纯颗粒土，这样就可以减慢它的生长速度，当然也能更好地控制颜色和株型。低温对冰莓的上色起到非常关键的作用，排除其他养护条件的话，气温越低，冰莓颜色越好，当然最低气温不能低于 5℃。

相似品种比较

紫罗兰女王：紫罗兰女王的叶片先端更尖锐，紫色，而冰莓叶片比较圆润，粉色。

星影：星影的叶尖比较明显，而且有点向内弯，星影的叶片质感也没有冰莓的透光。

春　　　夏　　　秋　　　冬

2015.04.21　　2015.07.12　　2015.11.26　　2016.01.10

一般状态

极致状态

养护一点通

浇水频率：💧💧💧💧💧

日照时长：☀☀☀☀☀

出状态难度：⭐⭐⭐⭐⭐

耐受温度：5~35℃

休眠期：夏季高温短暂休眠

繁殖方式：分株、砍头

常见病虫害：介壳虫、黑腐病

昂斯洛

景天科 拟石莲花属

叶片圆匙状，先端急尖，有冰边，呈莲花状紧密排列。夏季叶片为翠绿色，阳光不足时叶片向外摊开，秋冬冷凉季节会慢慢转变为粉红色或橙黄色，颜色很果冻。喜欢温暖、干燥、通风的环境。春末开花，可能同时抽生出几个花箭，穗状花序，小花钟形，橙色。

养护进阶

新人一养就活：习性较为强健，喜欢温暖、干燥、通风的环境，耐干旱，忌高温潮湿，宜选用透水、透气的栽培介质。春秋生长季可以尽量多晒太阳，浇水一次浇透，遇阴雨天气要将浇水时间延后。夏季高温需要遮阴，冬季需放在温暖向阳处养护，并注意通风。繁殖方式很多，叶插、砍头、分株、播种都可以，叶插出芽率稍低。

养出好状态：腐殖土比例太高容易造成土壤板结，浇水不容易浇透，不利于根系的生长，可能造成生长停滞，所以，好的配土应是颗粒混合细腻的腐殖土，疏松、透气、不板结。夏季为了避免"穿裙子"，除了少浇水外，还要放在通风好的位置。冬季低温会出现粉红色，但温度不能低于 $5℃$，虽然有些常年露养的健康植株，在盆土干燥的情况下可以度过不低于 $0℃$ 的低温天气，但并不安全，有很大的概率会冻伤、冻死。

阿尔的心得：昂斯洛的颜色变化非常丰富，从嫩绿色到橙黄色再到粉红色，不同时长的日照和不同的浇水频率、配土等都会影响植株的颜色。所以，可以根据自己的环境改变浇水频率、配土成分等来改变昂斯洛的颜色。

相似品种比较

酸橙辣椒：酸橙辣椒的叶片有些不规则的突起，叶片非常不光滑，而昂斯洛则是比较光滑的。

雪域：株型很像，但是雪域的叶片较厚，没有透明的冰边，叶片底色偏蓝。昂斯洛的叶片冰边很明显，出了状态就更容易区分了，昂斯洛是橙黄色到粉红色的渐变。

春 2015.03.08　　夏 2015.06.12　　秋 2015.11.12　　冬 2016.02.10

养护一点通

浇水频率：🌢🌢🌢🌢🌢

日照时长：☼☼☼☼☀

出状态难度：⭐⭐⭐⭐⭐

耐受温度：3~35℃

休眠期：夏季高温短暂休眠

繁殖方式：叶插、分株、砍头、播种

常见病虫害：病虫害较少

极致状态

蓝色惊喜

景天科 拟石莲花属

叶片相当宽大，呈莲花座形。日常叶片为淡蓝色、灰蓝色，被覆少许白霜。冷凉季节日照充足可整株变成粉紫色。宽大的叶片组成圆润周正的株型，似一朵娇嫩欲滴的荷花。每个人养出来的蓝色惊喜都有区别，赶紧种一颗吧，说不定就会给你带来"惊喜"哦！

蓝色惊喜出状态后粉中带点紫色，非常梦幻的颜色，生长季状态如小图。

养护一点通

浇水频率：🌢🌢🌢🌢🌢

日照时长：☀☀☀☀☀

出状态难度：⭐⭐⭐⭐⭐

耐受温度：5~35℃

休眠期：夏季高温短暂休眠

繁殖方式：砍头、分株、叶插

常见病虫害：病虫害较少

养护进阶

新人一养就活：蓝色惊喜的习性和大多拟石莲花属多肉相似，秋冬冷凉季节生长，夏季高温短暂休眠，喜欢全日照、干燥、通风的环境和排水良好的土壤。春秋适当施肥能长得更加圆润。叶插不太容易出芽，最好在秋季进行，需要控制好空气湿度和温度。砍头和分株的繁殖方式非常容易成活。

养出好状态：缺少日照的情况下，叶片会变成灰蓝色，叶片纤薄，甚至下垂"穿裙子"。所以，除了夏季要适当遮阴，其他季节最好都要接受全日照。蓝色惊喜虽然叶片不太厚，但是大比例的颗粒土加上严格的控水，让植株长时间处于"干渴"的状态，然后再一次浇透，可增加叶片厚度，让它有不一样的感觉。

阿尔的心得：为了保持蓝色惊喜株型的周正，需定期转动花盆的朝向。长期朝向一个方向，会导致株型不周正。想要养出好的品相，莲花座形的单头植株都要注意这一点。另外，提醒新人一下，被称为蓝色惊喜的实际上有好几个版本，在购买时一定认清品相，选择自己喜欢的一种。

紫罗兰女王

景天科 拟石莲花属

外形和名字都透着高冷范儿。叶片细长，不算肥厚，叶先端锐利，叶缘有透明的冰边，据说亲本之一是月影系。紫罗兰女王一般是浅灰绿或浅灰蓝色，光照充足，温差大的冷凉季节会转变为粉紫色，群生特别美丽。喜欢全日照，怕水涝，忌闷热潮湿的环境。

养护进阶

新人一养就活：紫罗兰女王的习性比较强健，粗放式的管理就能活得很好，浇水见干见湿，土壤中的颗粒配比能保证疏松、透气即可。梅雨季节注意遮雨，防止发生腐烂。如果淋雨过多，出现叶片化水的情况，要把植株取出，可以带着土，也可以清理掉潮湿的土壤，放在通风的地方，使根系处于比较干燥的环境，之后再重新栽种。叶片相对较薄，不容易叶插，建议新手选择砍头或分株的方式繁殖。

养出好状态：紫罗兰女王对日照需求较多，春、夏、秋三季应给予充足日照，日照不足时，叶片会下垂。夏季高温时要注意遮阴，否则会晒伤叶片，叶片晒伤后无法恢复，只能等待老叶慢慢代谢掉。颗粒土比例占 1/3 以上就能比较好地生长，且不容易徒长。生长 2 年以上植株容易木质化，最好纯颗粒土栽培，浇水量应适当减少。

阿尔的心得：紫罗兰女王叶片较薄，可先养好根系，等植株生长速度比较快，叶片比较饱满后，可通过逐渐减少浇水量与浇水次数的办法，使植株叶片渐渐肥厚起来。

紫罗兰女王出状态的颜色很高贵，叶型有特色，非常容易和其他月影系多肉区分。

养护一点通

浇水频率：💧💧💧💧💧
日照时长：☀☀☀☀☀
出状态难度：⭐⭐⭐⭐⭐
耐受温度：5~35℃
休眠期：全年生长，休眠不明显
繁殖方式：砍头、分株、叶插
常见病虫害：病虫害较少

莎莎女王

景天科 拟石莲花属

非常受欢迎的月影系品种之一。叶子圆匙形，覆有较厚的白霜，叶片紧密排列成莲花座形。日常叶片为浅绿色，叶缘逆光稍有透明的冰边，这是月影系比较显著的特征。昼夜温差大的气候条件下，控制浇水可以让它的叶缘变粉红色，叶片更紧包。

相似品种比较

猎户座：叶片底色为蓝色，出状态后红边明显、清晰，而莎莎女王叶片底色偏绿，出状态后粉红色会在叶缘晕染开来。

冰莓：叶片比莎莎女王薄且长，中心生长点非常明显是扁的，莎莎女王叶片厚实很多，且个头比冰莓大。

养护进阶

新人一养就活：喜欢温暖、干燥、通风并且光照充足的环境。春秋是生长季，可接受全日照。夏季高温短暂休眠，需要遮阴并通风。这时候的浇水量要少，浇水次数自然多一些。冬季温度逐渐降低时，水量也要降下来，低于5℃需要保持盆土干燥，低于3℃还是室内养护比较保险。繁殖方式主要有叶插、砍头、分株。不太容易群生，叶插是新人首选。

养出好状态：室内养护的莎莎女王需要注意土壤的颗粒配比，花盆宜选择大口径的，因为室内相对露养来说通风条件差，更容易导致叶片下垂。生长季保持盆土稍微干燥，切不可浇水过多造成盆土积水，并避免淋雨。经常用喷雾的方式浇水，会使叶片变薄，株型松散，而且也会在叶片上留下难看的痕迹。应该沿着盆边，或采用浸盆的方式彻底浇透，然后让盆土有一段时间处于干燥的状态下，这样才能把叶子养肥，株型也会更紧凑。

阿尔的心得：莎莎女王每天最少需要4小时日照，这样才能保持紧凑的株型和漂亮的颜色。想要养出水嫩的果冻色，就不能让它处于高强度的日光照射下，紫外线强度较弱的长时间日照反而能令颜色更粉嫩。

春　　　　　　　　　　夏

2015.03.19

2015.04.12

2015.06.07

2015.07.15

莎莎女王的状态是经过一年多的时间慢慢适应飘窗的环境才变成这样的。小图为一年前的状态。

养护一点通

浇水频率：💧💧💧💧💧

日照时长：☼☼☼☼☼

出状态难度：⭐⭐⭐⭐⭐

耐受温度：3~35℃

休眠期：夏季高温短暂休眠

繁殖方式：叶插、分株、砍头

常见病虫害：病虫害较少

秋

2015.09.18

2015.11.20

冬

2015.12.15

2016.02.10

红边月影

景天科 拟石莲花属

和莎莎女王非常像的一个品种，叶片肥厚，但叶缘较薄，日常为浅绿色，有薄薄的白霜。秋冬和早春日照充足的情况下，叶片会逐渐变成粉红色。喜温暖、干燥的环境，对土壤要求不高，耐干旱，不耐寒。冬季低于5℃需要放在室内光照强的地方继续养护。

养护进阶

新人一养就活：习性较为强健，春秋浇水可干透浇透，夏季高温需要注意减少浇水量，并适当遮阴。特别怕闷湿，夏季不通风容易黑腐。使用的栽培介质的保水性不要太强，太保水的土壤容易使红边月影叶片摊开，颜色不容易保持。繁殖主要是叶插，成功率比较高，砍头操作起来不太容易。

养出好状态：适宜生长的温度在15~25℃，一般春秋生长速度较快，见干见湿的浇水，能够让植株根系充分吸收水分，也有利于其更好地呼吸。冬季室内养护不能低于5℃，室外环境不稳定，还是建议更早一些采取保暖措施。冬季养出状态的方法除了足够长的日照时间外，还是控水，红边月影的叶片较厚，所以储存的水分也比较多，它能够耐受较长时间的干旱，而且冬季生长缓慢，叶片代谢比较慢，所以冬季浇水间隔可以拉长至2个月。当然这还要依据每个人不同的环境而定。

阿尔的心得：红边月影出状态是偏黄色的，叶缘比较透。它不需要特别强烈的日照，日照强时必须遮阴，闷热的环境必须注意通风，否则易生病虫。生长旺季可以施用薄肥。

养护一点通

浇水频率：💧💧💧💧💧
日照时长：☀☀☀☀☀
出状态难度：★★★★★
耐受温度：5~35℃
休眠期：夏季高温短暂休眠
繁殖方式：叶插、分株、砍头
常见病虫害：黑腐病

红边月影控水合适叶片就会比较紧包，不控水叶片容易摊开。

粉月影

景天科 拟石莲花属

成株叶片层层叠叠，包裹起来特别美丽，是比较受欢迎的月影系多肉之一。相比莎莎女王和红边月影叶片比较薄，叶缘红边偏粉色，是三者中最透的，生长点明显扁一些。喜欢温暖、干燥的环境和疏松透气的土壤，耐干旱，不耐寒。比较耐热，但夏季也需要遮阴。

养护进阶

新人一养就活：和莎莎女王、红边月影习性相近。春秋可选择早晚浇水，夏天最好晚上浇水，水温应接近室温，冬季应在温暖的午后浇水。土壤选用颗粒和腐殖土 7:3 混合的比较好。叶插出芽率比较高，另外还可以砍头、分株、播种繁殖。

养出好状态：给予充足的光照，才能保持紧凑的株型。盛夏需要严格控水，并注意通风，通风不够也会导致植株叶片下垂。温差大的冬季控制浇水量，充分日照，就能养出好状态。如果还没有好的颜色出来，那么就要考虑是否是空气湿度的问题。空气过分干燥也会影响多肉的颜色和叶片质感。

阿尔的心得：任何好的状态都是需要健康根系的支持，如果根系没有养好，再"虐"得太狠，很可能会造成植株死亡。所以，切忌春秋过分控水。如果粉月影在秋季生长速度较快的话，说明根系良好，从冬季开始，可以逐渐控水，并加强夜间的空气湿度，来让粉月影的颜色变得果冻起来。

——养护方法相近品种：
黛比

极致状态

一般状态

粉月影出状态时，叶缘是清新的粉色，轮廓鲜明，呈半透明状。

养护一点通

浇水频率：🌢🌢🌢🌢🌢🌢

日照时长：☼☼☼☼☼☼

出状态难度：⭐⭐⭐⭐⭐

耐受温度：5~35℃

休眠期：夏季高温短暂休眠

繁殖方式：叶插、分株、砍头

常见病虫害：病虫害较少

皱叶月影

景天科 拟石莲花属

皱叶月影也是颇受欢迎的品种。皱叶月影具有月影系一样的通透质感和玉一般的颜色，而且还有其他月影不具备的皱边，识别度比较高。皱叶月影叶片比较薄，夏季通常为蓝绿色，昼夜温差增大的秋冬或初春，日照充足可转变为橙粉色或橙黄色，颜色特别透亮。

养护进阶

新人一养就活：喜欢凉爽、干透、通风的环境，耐旱，不耐寒。叶子比较薄，忌强烈日照，夏季气温达到 30℃左右需要遮阴。春秋浇水可以稍多，夏季应减少水量。冬季 5℃左右要移至室内养护。土壤可选择颗粒和腐殖土以 7:3 比例混合的土壤。主要的繁殖方式是播种，叶插成功率比较低。

养出好状态：需要养护在通风的环境中，如果室内养护每天至少通风半小时，有利于盆土快速干燥，也利于根系呼吸。春秋温度适宜的时候可以适当多浇水，促进根系的生长。

阿尔的心得：春秋生长季可以每月施用 1 次薄肥，露养的也可以适当淋雨，这样植株生长得更肥美，生长速度也会加快。切忌"急功近利"，好的状态都是历经时间慢慢积累出来的。

一般状态

极致状态

皱叶月影也分几个品种，共同的特点就是叶缘有褶皱，只是褶皱程度不一。

养护一点通

浇水频率：🌢🌢🌢🌢🌢

日照时长：☀☀☀☀☀☀

出状态难度：⭐⭐⭐⭐⭐

耐受温度：5~35℃

休眠期：夏季高温短暂休眠

繁殖方式：播种、叶插、扦插

常见病虫害：病虫害较少

厚叶月影

景天科 拟石莲花属

厚叶月影顾名思义,叶片非常肥厚。叶片匙形,先端比基部肥厚很多,先端圆钝,但有像毛刺一样的叶尖,常年青绿色,叶表有薄薄的白霜。深秋等冷凉季节,增加日照时长可令叶片颜色逐渐变黄绿色或黄白色,叶片通透度也会提高。

养护进阶

新人一养就活:喜欢日照,春秋可全日照养护;耐旱,能够耐受较长时间的干旱;不耐寒,冬季低温谨防冻伤。因为叶片特别的肥厚,所以不需要浇太多水,而且浇水周期应比其他品种更长一些。夏季闷热天气要注意通风。是比较容易群生的品种,可选择比较大的侧芽分株繁殖,也可以砍头或叶插,叶插成功率也比较高。

养出好状态:通透质感的形成,一定要避免强烈紫外线的照射,夏季遮阴工作需要认真对待。养不出通透感的话,可以根据自己的养护环境适当调整颗粒土的比例,或者采用较小的花盆栽种。北方的朋友如果还是养不出通透的质感,那么要从温差和湿度上找找原因。

阿尔的心得:厚叶月影的毛刺似的叶尖非常容易被挫伤、晒伤,形成黑色的斑点。日常养护中要尽量减少触碰叶尖,忌往叶面喷雾。同时应注意春秋季节的晴朗天气也要遮阴,虽然气温不高,但是紫外线强度可能会很高。

厚叶月影出状态主要表现在叶片的质感上,通透清新的颜色是好的状态,一般状态为青绿色,叶片厚实,不通透。

养护一点通

浇水频率:💧💧💧💧💧
日照时长:☀☀☀☀☀☀
出状态难度:⭐⭐⭐⭐⭐
耐受温度:5~35℃
休眠期:夏季高温短暂休眠
繁殖方式:叶插、分株、砍头
常见病虫害:病虫害较少

——养护方法相近品种:香草

白月影

景天科 拟石莲花属

又称"阿尔巴月影"。叶片非常肥厚，日常为绿色，光照充足、温差较大的情况下会慢慢转变为白色，晶莹剔透，日照时间长、控水合理的话还会变微粉色，很值得养的一种月影。它和厚叶月影非常像，但是白月影的价格高很多，需要提防商家用厚叶月影冒充白月影来售卖。

相似品种比较

白牡丹：新人容易把白月影认作白牡丹。白月影的叶缘边线更加笔直，白牡丹边线柔和，而且白月影的叶片是先端比基部肥厚，白牡丹则是中部比较肥厚。

厚叶月影：两者可以从颜色和质感上来区分，白月影的颜色偏浅绿色，比较透；厚叶月影是青绿色，颜色不透。

养护进阶

新人一养就活：喜欢温暖、干燥、通风的环境，超级耐旱，不耐高温，夏季需要遮阴，冬季 5℃左右的气温需要采取保暖措施。浇水宜少不宜多，春秋可适当多一些，保证盆土不积水即可。春秋季节也可以适当施用肥料，但是浓度一定要低，施肥可以每月进行 1 次。切忌给未服盆的植株施肥，而且如果植株生长状况不良，出现生长停滞时，也不宜施肥。叶插比较容易成活，扦插繁殖也相当容易。底部发黄或略透明的叶子不能用来叶插，健康叶片叶插成活率比较高。

养出好状态：日照的时长对养出好状态非常关键，冬季隔着两层玻璃晒，日照强度比较合适。大家可以站在日光下感受，感觉晒的话则紫外线太过强烈，感觉温暖的情况就比较适宜多肉生长。

阿尔的心得：冬季低温一定要注意防冻，虽说"冻一下才能出状态"，但这里的"冻"可不是真的冻。盆土特别干燥的话，可以承受 0℃低温，再低，就会冻伤，而且这里说的还是室内比较稳定的环境。室外如果有风,5℃左右都不能完全保证不被冻伤。

春　2015.03.22　　2015.04.29　　**秋**　2015.09.07　　2015.11.28

白月影养出这么果冻的状态，需要经历四季的合理养护。

养护一点通

浇水频率：💧💧💧💧💧

日照时长：🌑🌒🌓🌔🌕

出状态难度：⭐⭐⭐⭐⭐

耐受温度：5~35℃

休眠期：夏季高温短暂休眠

繁殖方式：叶插、分株、砍头

常见病虫害：病虫害较少

伊利亚月影

景天科 拟石莲花属

容易群生和缀化的品种。夏季叶片颜色为嫩绿色，通透度较差，气温低的冬季，昼夜温差大，光照充足的情况下会变得很果冻，有嫩黄色也有稍带粉色的，通透度增高。喜欢温暖、干燥、通风的环境，耐旱，不耐寒，忌湿热。

伊利亚月影出状态后的色彩非常清新，小图为生长季状态。

养护一点通

浇水频率：🌢🌢🌢🌢🌢
日照时长：☀☀☀☀☀
出状态难度：⭐⭐⭐⭐⭐
耐受温度：5~35℃
休眠期：夏季高温短暂休眠
繁殖方式：叶插、分株、砍头
常见病虫害：黑腐病

养护进阶

新人一养就活：习性强健，栽培、养护较为容易。喜阳光充足和空气流通的环境，除了特别极端的夏季高温和冬季低温外，露养完全无压力。室内养护可以放在光照充足的地方，依情况每两三周浇水1次。浇水量以花盆底部刚刚流出水为限，新人一定要避免每次浇水浇不透的情况。如果实在掌握不准浇水量，可采取浸盆的方法，看到土表微微湿润就可以了。繁殖能力特别强，因为容易群生，所以可以剪取侧芽扦插，用叶片繁殖也容易成活。

养出好状态：想要把颜色养得干净、果冻，需要做到不干不浇，浇则浇透，放在可以接受全日照的地方。浇水一定要避免浇在叶片上，尤其群生和缀化，叶片密集、不通风的话很容易黑腐。好的状态也是一点点养出来的，有了合理的养护方法，我们还是要给多肉多一些时间慢慢变美。期待多肉变美的过程也是我们磨炼耐心的过程。

阿尔的心得：春秋生长季，土壤干了就浇水，夏季闷热的时候要拉长浇水间隔，做好通风工作。土壤要选择疏松透气的，利于根部的生长，根长好了，植株才健壮，才更容易养出好的状态。

木樨甜心

景天科 景天属

也称"木樨景天"，叶匙形，不算肥厚，被覆白霜，紧密排列呈莲花座形。一年四季颜色都很漂亮，质感独特，出状态后可以通体粉红，是不错的杂交育种的亲本选择。喜欢温暖、干燥的环境，耐旱，相对比较耐热，但怕闷湿。春季开花，总状花序，花白色，星形。

养护进阶

新人一养就活：习性非常强健，抗旱性强，较能耐受夏季高温，保持盆土干燥，度夏没有太大难度。最怕闷热天气，应注意通风。室内养护时，夏季一定要加强通风措施，使用电扇增加空气流通，或者用空调降低温度。春秋两季适度控水，不能妨害植株生长速度，过分控水的结果往往适得其反。叶插、砍头、分株都能比较容易的繁殖，叶插出芽率高，生长速度也比较快。

养出好状态：栽培土壤需要透气性好、排水性好、疏松而肥沃。平时给予充足的光照，保持盆土稍微湿润，可促进根系生长。夏季浇水应选择晴朗有风的天气，最好在晚上，这样既可以避开烈日，也能让水分快速蒸发，能确保植株根系处于比较干爽的环境中。冬季应放在通风好的向阳处，拉大浇水间隔，并减少浇水量。

阿尔的心得：冬季室内养护也要注意通风，可在温暖晴好的日子开窗通风，但不要让风口正对植株。开花会消耗母株很多营养，还可能使株型变得难看，如果不准备授粉打种子，还是趁早剪掉花箭为好。

木樨甜心生长季为奶白色或青白色，出状态后为粉红色。

养护一点通

浇水频率：💧💧💧💧💧

日照时长：☀☀☀☀☀

出状态难度：⭐⭐⭐⭐⭐

耐受温度：10~35℃

休眠期：全年都可生长，休眠期不明显

繁殖方式：叶插、砍头

常见病虫害：病虫害较少

高冷东云系——养出卓然质感

乌木

景天科 拟石莲花属

拟石莲花属中比较独特的一类多肉，给人的感觉不是"萌"，而是充满阳刚之气，乌木的各种杂交也都继承了这种"霸气"。叶片呈锋利的三角状，叶尖明显，叶片质地硬，叶片表面光滑，无白霜，叶片底色一般为浅绿至墨绿色，叶缘红边清晰，从棕红色到黑色各有不同。

养护进阶

新人一养就活：乌木成株很容易长到10厘米，所以花盆要选择10厘米以上的。非常喜欢光照，日照越充足，叶缘颜色越深。春秋生长季可保持盆土稍微湿润，冬季比较能够耐受低温，3℃以上可以安全过冬。乌木的繁殖能力较弱，这也是其价格居高不下的一个原因。乌木生长速度极慢，很多人不舍得掰叶片，而且叶插成功率较低，另外乌木本身滋生侧芽比较困难，所以乌木的繁殖是比较困难的。

养出好状态：乌木养出颜色叶片并不一定要特别强烈的光线，强光会使底色加深。如果光照不那么强烈，创造比较大的温差和低温潮湿的环境，颜色也会很漂亮。

养护一点通

浇水频率：💧💧💧💧💧
日照时长：☀☀☀☀☀
出状态难度：⭐⭐★★★
耐受温度：3~39℃
休眠期：夏季高温和冬季低温短暂休眠
繁殖方式：播种
常见病虫害：病虫害较少

阿尔的心得：乌木是否能养出乌黑的边线，很大一部分因素是自身的"血统"是否纯正。播种出的乌木能养出深红色边线已经是很好的状态了。乌木在服盆期，不能接受强烈的日照，否则会使老叶迅速枯萎，叶片数量减少，就没有那么"霸气"了。浇水量，春秋可以适当多一些。夏天和冬天要少，但始终不能完全断水。

罗密欧

景天科 拟石莲花属

别名"金牛座"，株型比较大。叶片肥厚，叶尖、叶面光滑有质感。在温差大、阳光充足的环境下，整株可呈现紫红色或鲜红色，叶尖乌黑，新生长出的叶片为浅绿色。罗密欧春夏季开花，聚伞状花序，小花钟形，橙红色，五瓣。

养护进阶

新人一养就活：喜欢温暖、干燥和阳光充足的生长环境，轻微耐寒，也可耐半阴。低于5℃或者高于35℃生长缓慢，室温维持0℃以上，盆土干燥的情况下可以安全越冬。忌过度潮湿，浇水量可以大，但是必须保证盆土不积水。全年生长速度都比较慢，可以三四年不用换盆，不过罗密欧的单头冠幅可达15厘米左右。繁殖主要是叶插和分株，叶插成活率稍低。

养出好状态：光照越充足，温差越大，叶片颜色越鲜艳，所以在温度允许的情况下，尽量放在室外养护。如果没有露养条件，室内需要增加通风，或摆放到阳光充足的位置。常年在阳光充足的飘窗养护，即使夏季温差不够大，罗密欧的颜色还是很漂亮，甚至有时会变得更深。

阿尔的心得：罗密欧在生长期可以适度施肥，坚持"薄肥勤施"的原则可以令叶片更加饱满，叶片数量逐渐增多，株型更大，观赏性更强。

罗密欧出状态后可以通体血红色，夏季也能有颜色。

养护方法相近品种：白夜

养护一点通

浇水频率：💧💧💧💧💧

日照时长：☀☀☀☀☀

出状态难度：⭐⭐⭐⭐⭐

耐受温度：0~35℃

休眠期：夏季高温和冬季低温短暂休眠

繁殖方式：播种、叶插、分株

常见病虫害：病虫害较少

魅惑之宵

景天科 拟石莲花属

也被称为"口红"，属于大型的石莲花，直径可达 20 厘米以上。叶片呈锋利的三角形，叶面光滑，比较硬，背面突起微呈龙骨状，叶片先端急尖，叶缘常年有红尖或红边。秋冬等冷凉季节叶片底色会由翠绿转为金黄色或橙黄色，叶缘红边也会增多加深。

养护一点通

浇水频率：🌢🌢🌢🌢🌢
日照时长：☀☀☀☀☀☀
出状态难度：⭐⭐⭐⭐⭐
耐受温度：5~39℃
休眠期：夏季高温和冬季低温短暂休眠
繁殖方式：叶插、扦插
常见病虫害：病虫害较少

魅惑之宵的叶片底色一般是翠绿到深绿色，但也能养出果冻的嫩绿色。

养护进阶

新人一养就活：喜欢温暖、凉爽、干燥的环境和透水性好、透气性好的沙质土壤。习性非常强健，脱土几个月，放置阴凉处也不会死亡。夏季高温进入休眠状态时，需移至半阴处养护，控水并加强通风。春秋可适当多浇水，只要植株生长状况良好，也可以适当淋雨。室内养护的则要避免在雨天直接淋雨，大环境的突然改变并不利于多肉生长。经过长期的合理控水后，魅惑之宵在夏季基本不会徒长。冬季低于 5℃需要采取保温措施。主流的繁殖方式是叶插和扦插。

养出好状态：魅惑之宵需要接受充足日照，叶色才会艳丽，株型才会更紧实美观。另外，控水程度不用等底部叶片干枯时才浇水，否则会导致叶片数量减少，有损美观。常年隔着玻璃晒太阳，加上冬季的大温差和夜间的高湿度，就会让魅惑之宵呈现出黄绿色的底色。

阿尔的心得：使用纯颗粒土壤的话，需要注意应粗细结合，小颗粒和大颗粒的均匀结合比较适宜根系的生长。如果颗粒土的缝隙太大，没有一点保水性，植株也会生长不良的。

白蜡东云

景天科 拟石莲花属

叶缘不是清晰的红边,而是晕染的效果。叶片先端也没有那么锋利的感觉。叶片同样光滑无白霜,质感比较好。大部分时间为绿色,温差足够大且光照充足的环境下才会变成粉红色。喜欢温暖、干燥和阳光充足的环境,耐干旱,不耐寒,稍耐半阴。

养护进阶

新人一养就活:习性非常强健,非常好养的品种。南方可全露养,但冬季需要注意保持盆土干燥,低于3℃需要采取保温措施。北方室内养护,春秋两季土壤变干即可浇水,夏季应减少浇水量,并适当遮阴。冬季少水,多晒。叶插、分株、砍头都是比较容易的繁殖方式。不过白蜡东云的叶片不太好摘取,用力不当很容易将叶片掰断。在换盆时,可将植株脱土稍微晾一晾,叶片就容易摘取了。

养出好状态:东云系的多肉是不太容易徒长的,缺光的话叶片会向外摊开。全年都需要有足够的日照才能维持较好的株型。冬季是比较容易上色的季节,可加强通风,合理控水,尽量全日照。等到春天来临时不要急于搬至户外露养,初春天气变化快,很可能会出现"倒春寒"的天气,谨防冻伤。在露养的开始阶段也要注意循序渐进晒太阳,突然地放置在阳光下很容易灼伤叶片。

阿尔的心得:白蜡东云属于大型多肉,如果不想让它长太大、太快的话,可以用纯颗粒土,配合使用口径比较小的花盆。如果长出侧芽了,可以等侧芽长大些分株繁殖。

白蜡东云叶片较细长,出状态时可以整株变红,生长季为绿色。

养护一点通

浇水频率:💧💧💧💧💧

日照时长:☀☀☀☀☀☀

出状态难度:⭐⭐⭐⭐⭐

耐受温度:3~39℃

休眠期:夏季高温和冬季低温短暂休眠

繁殖方式:叶插、分株、砍头

常见病虫害:病虫害较少

玉杯东云

景天科 拟石莲花属

东云与月影的杂交，价格便宜又好看。叶片比较宽大，质地较硬，中心点不圆，有点扁。边缘逆光呈半透明状。大部分时候叶片为翠绿色，秋冬冷凉季节，日照充足可整株变红色。日照强度适宜的话会变成右页图中那种半透明的果冻橙色。

相似品种比较

保丽安娜：这个品种叶片较厚，先端比较圆润，但和玉杯东云还是有些差别的，最明显的就是叶心，玉杯东云的叶心是扁的，保丽安娜则是圆的。

圣诞东云：这个比较容易区分，圣诞东云叶片先端是三角形的，比较尖，生长点周正；玉杯东云叶片先端比较圆润，而且叶心是扁的。

养护进阶

新人一养就活：喜欢温暖、干燥，阳光充足的环境，配土需要保水性的腐殖土和透气性的颗粒土相混合，稍微控制浇水量就能轻松养活。春秋生长季可施用缓释肥，生长情况良好的话，第二年秋天就会长成群生了，如果花盆太小了，就需要换土、换盆。根系特别多的也需要适当修根，留下健康的主根和少量须根。换盆时也可以摘取叶片进行叶插，健康的叶子叶插成活率比较高。东云系的叶片比较难掰，必须等叶片稍微发软后摘取才能比较完整的保留生长点。叶插需要比较高的空气湿度，可以利用一些饮料瓶罩住叶片，以增加空气湿度。另外也可以采用分株或播种的方式繁殖。

养出好状态：需要较长时间的日照，控水相对宽松，提前几天或延后几天浇水也没什么问题。最主要还是光照的强度，过强会变成红色，没有通透感。

阿尔的心得：玉杯东云在春季可适当多给水，以促进根系生长，夏季注意控水，保持株型，秋季控水稍加注意，有了充足的日照和较大的温差，颜色就会慢慢加深了。初秋太过强烈的日照还是需要遮阴的，冬季隔着两层玻璃晒就能呈现十分通透的橙色了。

春　　　　夏　　　　秋　　　　冬

养护一点通

浇水频率：💧💧💧💧💧

日照时长：☀☀☀☀☀

出状态难度：★★★★★

耐受温度：5~35℃

休眠期：夏季高温短暂休眠

繁殖方式：叶插、分株、播种

常见病虫害：病虫害较少

圣诞东云

景天科 拟石莲花属

是东云和花月夜的杂交品种，中大型，直径可达15厘米左右，叶片梭形。夏季叶片颜色为深绿色，叶尖泛红；秋冬季节日照充足，叶色为黄绿色，叶缘叶背泛红。喜欢温暖、干燥、阳光充足的环境。春夏季开花，会同时长出四五枝花箭，穗状花序，花倒钟形，黄色。

圣诞东云出状态时叶尖是深红色，底色翠绿。

养护一点通

浇水频率：🌢🌢🌢🌢🌢

日照时长：☀☀☀☀☀

出状态难度：⭐⭐⭐⭐⭐

耐受温度：3~39℃

休眠期：全年生长，休眠不明显

繁殖方式：叶插、分株、砍头

常见病虫害：病虫害较少

养护进阶

新人一养就活：整体来说养护不难。生长季浇水见干见湿，尽量给予充足光照。夏季不休眠，但生长缓慢，可少量给水，适当遮阴，如叶片干瘪，就是严重缺水的征兆了。如果养护环境过于闷湿，下部叶片有些会黄化化水，出现这种情况，应注意通风、控水。繁殖方式主要有叶插、砍头、分株等。砍头考验刀工，也可用鱼线，叶插出芽率较高。

养出好状态：圣诞东云较为耐寒，可适应3℃左右的温度，冬季可稍晚一些采取保暖措施，配合较大的昼夜温差，圣诞东云叶片颜色会变得较浅，有点黄绿透明感，叶缘的红晕会渲染开，颇为娇艳。

阿尔的心得：东云系多肉没有白霜，在清理叶片表面的灰尘等脏物时，可以用喷壶喷雾清理，也可以用小刷子刷，并不会影响整体的美观度，喷雾后残留的水珠要及时用气吹吹干或用纸巾吸干，长时间未干会留下水渍。

养护方法相近品种：——
超级玫瑰

保丽安娜

景天科 拟石莲花属

也写作"保利安娜"或"宝莉安娜"。叶片肥厚，先端圆润，株型更
接近莲花座形。夏季整株为绿色，其他季节温差增大，日照充足，
叶片边缘和叶背会逐渐变成大红色，叶片底色也会偏黄绿色。喜欢
光照充足的生长环境，疏松透气的沙质土壤，耐干旱，不耐寒。

养护进阶

新人一养就活：喜欢充足的光照，但是不能
暴晒，夏季需要适当遮阴。配土可选择腐
殖土与颗粒土混合，比例约为3:7。对水分
不太敏感，夏季稍注意控水就可以。叶插
繁殖成功率比较高，但是生长速度稍慢，也
可以分株或砍头。

养出好状态：虽然多肉的原产地土壤比较
贫瘠，但是家庭养护时，还是要给予适当的
水肥，以获得更好的品相。一味追求颜色
而"狂虐"不仅达不到预期目的，还可能会
令植株死亡。保丽安娜浇水不一定要等到
底部叶片枯萎再浇。平时可以用手轻捏一
下底部叶片感受它的硬度，等它变得较软
时就可以浇水了。

养护一点通

浇水频率：💧💧💧💧💧
日照时长：☀☀☀☀☀
出状态难度：★★★★★
耐受温度：5~39℃
休眠期：全年生长，休眠不明显
繁殖方式：叶插、分株、砍头
常见病虫害：病虫害较少

阿尔的心得：浇水时间要掌握好，春秋两
季早晚浇水，夏季选择在晚上浇水比较好，
冬季可选择在晴朗的午后浇水。保丽安娜
是我养的多肉中少数几个在叶片上浇水的
品种。它的叶片光滑无霜，没有掉粉的顾虑，
可以放心喷雾。

保丽安娜出状态后
可以很红，和生长季
节的反差比较大。

冰河世纪

景天科 拟石莲花属

花月夜和东云的杂交品种，继承了花月夜的红边、莲花座株型，还有东云的叶片质感。叶片肥厚紧凑，散发蜡质光泽。夏季翠绿色，秋冬等冷凉季节，叶缘会变红。日照不足时，叶片会向外摊开，浇水过多容易化水。夏季高温不会休眠，但生长缓慢。

养护一点通

浇水频率：💧💧💧💧💧

日照时长：☀️☀️☀️🌑🌑

出状态难度：⭐⭐⭐⭐⭐

耐受温度：5~39℃

休眠期：全年生长，休眠不明显

繁殖方式：叶插、分株、砍头

常见病虫害：病虫害较少

养护进阶

新人一养就活：习性比较强健，度夏比较容易。喜欢温暖、干燥、通风的环境，排水良好的沙质土壤。春秋浇水见干见湿，也可适当施肥。夏季高温生长比较缓慢，浇水量要减少，避免盆土长期处于潮湿状态。冬季低于5℃需要采取保温措施。等盆土干燥时，可摘取底部叶片进行叶插，成活率比较高。

养出好状态：根系健康的情况下，冬季需要放置在阳光充足的地方，并控制浇水量，拉长浇水间隔，株型会比较紧凑。另外想办法增加昼夜温差，颜色会更加鲜艳。

阿尔的心得：光照不足，盆土长期湿润，或者施肥过多，都可能造成植株株型不紧凑，叶片窄又长，颜色变浅。所以除了尽可能给予多的日照外，控制好水肥是养出好品相的关键。

冰河世纪一般为绿色，如小图，养护得当会呈现出黄绿色。

极致状态

一般状态

香槟

景天科 拟石莲花属

比较大型的多肉品种,直径可达15厘米左右。叶片肥厚,质地较硬,先端钝尖,叶子表面有白色纹路,白霜不明显。夏季叶片多为绿色,秋冬等冷凉季节,叶片会慢慢变成橙黄色,白色的纹路也更清晰。喜欢温暖、干燥、阳光充足的环境,耐旱,耐半阴,不耐寒。

养护进阶

新人一养就活:生命力顽强,抗旱性强,脱土几个月都不会死。喜欢温暖、日照充足的生长环境,除了夏季外,都可以全日照养护。春秋浇水见干见湿,夏季需要注意浇水量,水大容易造成黑腐、化水。繁殖方式有叶插、扦插。叶插出芽率不高,扦插还是比较容易成活的。

养出好状态:香槟对水分比较敏感,所以浇水量要少一些,尤其是夏季。冬季容易出状态的时候,就尽量多晒,浇水间隔稍微拉长一些。白天尽量让温度维持在10℃左右,夜晚可开窗半小时以降低室内温度,增大昼夜温差,这样颜色才会更鲜艳,白色纹路更清晰。

阿尔的心得:香槟属于比较大型的多肉,个头可以长很大。喜欢体型大些的,就给个大盆,营养土的比例稍多一些,能更快长大。不喜欢大个头的,可以用小盆,配土中多放颗粒土,既能控制个头,秋冬还容易出状态。

——养护方法相近品种:
霜之朝

香槟叶片上的白色纹路越清晰,说明品相越好。

养护一点通

浇水频率:💧💧💧💧💧

日照时长:☀☀☀☀☀

出状态难度:⭐⭐⭐⭐⭐

耐受温度:5~39℃

休眠期:全年生长,休眠不明显

繁殖方式:叶插、扦插

常见病虫害:病虫害较少

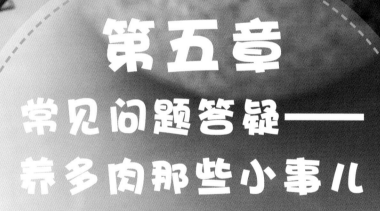

第五章

常见问题答疑——养多肉那些小事儿

养肉没有超过一年，没有经历春夏秋冬的新人，可能会有各种问题。因为没有经历过，大部分都是"听说"，所以对于"度夏""过冬"有着莫名其妙的恐惧。其实，夏天和冬天并没有那么可怕，掌握好浇水、通风和遮阴、保温，肉肉们都能长得很好。不要小瞧多肉，它们都很顽强，快来和它们一起努力吧！

春秋两季换盆、繁殖忙

春季和秋季气温适宜，光照充足又不是特别强烈，非常适宜多肉生长，这个时候也是繁殖、换盆的好时机。很多新手会在种植过程中发现各种问题，快来看看你有没有遇到同样的问题。

种肉肉一定要用有孔的盆吗

肉肉生命力顽强，对容器的要求并不高，所以种肉肉的容器可以多种多样。但要注意的是，在没有孔的容器中，肉肉的浇水量一定不能多。因为肉肉本身的需水量就不高，在没有孔的容器中，水分既漏不出来，又蒸发不多，水浇多了极易伤害肉肉。所以，还是建议新手先不要尝试无孔的容器。

种下很久了，怎么不见长大

虽然春秋季是大部分多肉植物的生长季，但是相对一些草本、藤本植物它们的生长速度是非常慢的。短时间内多肉的大小不会发生太大变化，但是也会有细微的变化。经常为它们拍摄照片做记录是很好的习惯，半年或一年后你就能看到它们明显长大了。

还有一种情况是，它真的没有长。叶片干瘪缩水，植株感觉没有生机，这说明根系还没有恢复好，不能很好地吸收水分和营养。需要在半阴环境中养护，每周一次大水浇透，或者淋一场小雨，过一阵子就能恢复生机了。

肉肉徒长怎么办

一般肉肉徒长是由于光线不足导致的，但这也不是肉肉徒长的全部原因，盆土过湿，施肥过多，同样会引起茎叶徒长。所以，日常养护的时候就要避免浇水、施肥过多。如果已经徒长了，要移到通风良好、日照充足的地方继续养护，时间久了就会养成老桩。如果过度徒长，株型难看，也可以采取砍头的方式，重新栽种。

子持莲华幼芽徒长是很常见的。

想要叶插，如何掰叶片

像虹之玉、桃美人、桃之卵等这类叶片比较厚实，叶片生长点和茎秆连接部分不多的品种比较容易掰叶片，左右轻轻扭动就能摘下来。对于像红宝石、蓝石莲、芙蓉雪莲等，或叶片本身太脆，或叶片生长点与茎秆连接比较多，或是叶片比较密集的，最好在换盆、砍头或发生徒长的时候再掰叶片，这样能较好地保证叶片生长点的完整。如果正常植株摘叶片的话，也要等盆土比较干燥的时候再摘。

如果叶片比较密集，可以用镊子轻轻夹住叶片（尽量靠近基部），左右晃动，感觉生长点和茎秆的脱离程度，慢慢施力。力度非常重要，通过长期练习，你会慢慢找到诀窍的。

叶插小苗生长缓慢怎么办

叶插小苗生长缓慢一个原因可能是本身的根系有问题，可以重新栽种一次，让根系重新萌发、抓土。还有可能就是土壤的问题，小苗根系细而软，在比较硬质的土壤中不容易扎根。所以培育小苗还是要以疏松并且保水的泥炭、草炭等为主。

另外，小苗的根系少，吸水能力还没有成株强，所以需要经常喷雾。不用怕水多，小苗的新根是非常喜欢水的，只要保证盆土不积水就可以。

叶插只长根不出芽怎么办

前面讲过了，叶插出根出苗的时间并不一致，有些会先出根再出芽，通常这种情况不用担心，适当晒晒太阳，并喷水保持土壤湿润，过几天或者一周就会有小芽长出来了。如果过了好几个月都没有小芽长出来，你可以试试把原来的根系全部剪掉，让叶片重新发根，但这种方法不一定都能出根出芽。还有一种情况是先长芽后出根的，这种情况也比较多见。出芽后先不要急于晒太阳，依然要在半阴环境中养护，并时常喷雾。只要叶片没有完全萎缩、化水，一般都会出根的。

叶插苗出根后要把根埋起来，生长缓慢的可以重新种一下。

砍头后的肉肉如何生根

　　将砍下的多肉反过来晾干，大部分多肉植物晾两三天即可。准备稍湿润的沙土，将"头"放在沙土上。等待生根的肉肉只要保持土壤湿润，可以不用浇水。也可以根据具体的天气情况适当喷雾，如梅雨季可不喷雾，而空气较干燥的环境则加喷1次。一般来说，两三天喷雾1次就可以。

砍头后很久不生根，怎么办

　　你是怎么知道多肉还没有生根的？是不是经常把多肉拔出来看啊？在这里要特别提醒新人朋友，切忌经常随意翻动、拔出正在发根的多肉。这样做你的肉肉是永远生不了根的，即使生根了，被你拔出来一次又要重新发根、抓土了。想知道多肉生根了没有，可以轻轻晃动下花盆，看看植株有没有松动的迹象；也可以观察生长点，生根后的多肉生长点会变绿，莲花座形多肉的叶片会向外展开。

　　比较适宜多肉植物生根的空气湿度为60%，比较合适的温度为18~25℃。如果基本条件符合了，还是长时间不发根，你可以试试以下几种快速生根的小方法。

　　蛭石生根法：用喷壶均匀把纯蛭石喷湿润，把晾干伤口的多肉放在湿润的蛭石上，每两三天向周围喷雾1次。

　　水诱生根法：饮料瓶灌入清水，水位接近瓶口，然后将晾干伤口的多肉放在瓶口，确保伤口接近而不接触水面，放到阴凉通风的环境下养护即可。

　　空气根法：这个方法最简单了，把砍头的多肉直接放到空花盆里，然后放在阴凉潮湿的环境，静候发根就行了。

　　不同品种生根快慢不一样，如果你的温度、湿度适宜，就需要耐心多等几天。

把砍头的多肉放土壤表面可以直观地看到是否发根。

给肉肉换盆的最佳时机是什么时候

　　肉肉换盆的最佳时期可以分为如下两个时期：一个是春天和秋天这两个时间段，因为这个时候的温度、日照和水分都比较适合，特别是温度。春秋的温度适宜，多肉可以较好地恢复。另外一个时期就是开花以后，在植物界，所有的花卉植物都适合在花后换盆。

换盆时不能顺利取出多肉怎么办

在给多肉植物换盆时，有时会遇到根系和土壤贴盆壁过紧，而无法顺利将多肉植物取出的情况。此时，切忌用蛮力将多肉植物取出，否则很容易损伤根系。如果是塑料花盆，可以用力捏一捏花盆壁，让土壤和花盆分离开来，再轻轻倒出多肉植物。如果是陶盆、金属盆、玻璃盆等可以用橡皮锤子敲击盆壁，等盆土有所松动后，再将多肉植物取出。还可以用小工具将盆土疏松后再取出多肉。

多肉开花了，怎么办

很多人都很诧异："多肉可以开花？"不错，其实大部分多肉都可以开花的，但有些并不是每年都开。许多人不知道拿开花的多肉怎么办，其实，如果你觉得花朵还挺漂亮，可以正常养护，让它继续开花。也可以用不同植株的花朵相互授粉，培育种子。开花会消耗母株大量的营养，所以如果你觉得不好看，那就早早地剪掉。另外如果植株本身的状态不太好，还是建议你剪掉花箭，避免开花使母株雪上加霜。

哪些多肉开花后会死掉

我们常见的多肉品种一般开花并不会死，开花后死亡的只是少数品种，最常见的是瓦松属的子持莲华、富士、凤凰、瓦松等。还有黑法师、山地玫瑰、观音莲、银星、小人祭等老的母株开花后就会萎缩死亡。不过母株死亡后，在两旁会长出新的小株，这是植株一种自然的更新。还有龙舌兰也是花后主株死亡，旁生侧苗，但龙舌兰开花有的需要几十甚至上百年。

多肉根系太多了，要怎么上盆

有些根系发达的多肉，让新人朋友非常头疼，上盆的时候不知道从何下手。很简单，首先清理下过多的根系，留下几条比较粗壮健康的根系，放到阴凉通风处晾干伤口。花盆里放上一半左右的土，把中间部分堆成一个小山，然后把晾好的多肉的根系均匀分散开，把"小山头"包围起来，然后再继续添加土壤就好了。

多肉开花也很漂亮，可以任它自由生长。

夏季通风、遮阴防黑腐

对于新手来说，夏天是非常可怕的，那么多肉友都在说自己黑腐了多少，化水了多少，新手更是小心翼翼，不敢有丝毫懈怠。其实，度夏并没有传说中的那么可怕，只要掌握好遮阴、通风、控水这几个要点，多肉们还是能健康地度过夏天的。

什么时候需要遮阴

遮阴通常是在春末夏初的时候，一直遮阴到初秋。具体时间，你可以参考天气预报的气温，如果连续 3 天气温都超过 30℃就需要遮阴了。这里说的是已经服盆，且植株健康生长的情况哦。刚刚上盆或换盆的多肉需要更加小心。不过因为每个人的环境不同，还是有一些差异的。我发现通风条件好的话，可以耐受的温度稍高，通风不良更容易被晒伤。你可以站在养护多肉的地方感受下阳光的强度。如果皮肤感觉灼热的话，就需要遮阴了。

提醒新人，没有服盆的多肉即使春天正午的太阳也不要多晒，也比较容易晒伤哦！

叶子晒伤了，还能恢复吗

如果不小心把多肉的叶片晒伤了，除了将它移至阴凉处外，并没有更好的办法让它恢复。晒伤的叶片会留下疤痕，只能等待新叶长出，逐渐消耗掉老叶。如果生长点的嫩叶被晒伤，会从那里生出多头来。

以上说的是晒伤不严重的情况，如果晒得太严重会直接把叶片晒化水的，这时候要摘除这些叶片，并放置到通风、阴凉的地方。大家一定要切记，晒伤后千万不要浇水。

玉露、寿等十二卷属多肉植物忌强光，夏季可提早遮阴。

夏季室内闷热怎么办

夏季的气温比较高，如果通风不畅会导致高温高湿的环境，多肉很容易滋生病菌造成植株黑腐。所以，夏季通风也是非常重要的。如果房子开窗都不够通风的话，可以尝试给肉肉们吹电风扇，通风效果相当不错。另外，也可以想办法降低温度，比如，开空调降低养护环境的温度。

夏季休眠的肉肉如何养护

首先你要了解，多肉什么样的状态说明它在休眠。浅休眠状态的植株一般是生长缓慢，叶片颜色黯淡无光，深度休眠的植株叶片会包拢起来，有一些则表现出底部叶片逐渐枯萎。

对于夏季休眠的多肉，你可以把它放到阴凉的角落里，散射光环境下养护，浇水量要少，浇水间隔要长。忌大水浇灌，可在偶尔天气凉爽的时候多浇水。散射光、少水、通风，记住这关键三点就可以很好地照顾休眠的多肉了。

如何判断肉肉是否"仙去"

常常有新手把休眠期的多肉植物当作是"仙去"的多肉，而将它们丢弃，造成了不必要的损失。实际上，大部分多肉植物在夏季或冬季时都需要经历休眠或半休眠期，这一阶段多肉植物大多会叶片脱落、褶皱，状态不佳。而真正"仙去"的多肉，则是完全萎缩的或是黑腐、化水了的。如果植株只是显得不精神，叶片萎缩，这样的还有一线生机。此时需要减少浇水，适当遮阴，或摆放在温暖的地方。等休眠期过后，多肉植物就能恢复良好的状态了。

过度干旱的劳尔叶片发皱，但还没有"仙去"，大水浇灌一次后就会慢慢恢复。

多肉一碰就掉叶子是怎么回事

有的肉肉由于叶柄比较小，而叶片肉肉圆圆的，故而一碰就容易掉叶，比如绿龟之卵、虹之玉、姬秋丽，这种情况不用担心，尤其像虹之玉，它的生命力非常顽强，掉下来的叶子也会生根发芽。但有时候肉肉掉叶子就有可能是根部出现了问题。根部出现问题的肉肉，一般叶片会萎缩而导致脱落，这种情况下修剪根部是最好的办法。还有一些可能是茎秆或根系黑腐了，稍微一碰叶片就哗哗的掉，这种情况基本没有办法挽救了。

肉肉表面柔软干瘪怎么办

　　一般来说缺水会导致肉肉表面柔软干瘪，这种情况并不致命。只要充分浇水，让土壤彻底湿透，植株第二天或过两天就能恢复健康。但如果浇足了水，肉肉还是柔软干瘪，那就要看看是不是根部出现了问题。一般需要把根系挖出来检查，然后清理根系或者直接砍头重新发根。在干燥环境下的无根肉肉，其叶片也同样会柔软干瘪，等生根后及时给水就能得到缓解。另外在盛夏季节，如果没有采取遮阴措施，多肉的叶片也可能会被晒得变软发皱。这时候就要移到比较凉爽的地方进行养护。

健康生长的多肉突然化水了，还有救吗

回声叶片有些化水，可能是黑腐病。

　　这种情况，有一种可能是浇水多了或者淋雨过多造成的。这时候要及时把化水叶片摘掉，并把植株挖出来晾根。如果能连土壤一起取出的话，就让植株和土壤一起放在通风的地方，等土壤变干后再放回花盆中。

　　还有一种不太乐观的估计，就是不明原因造成的黑腐，一夜之间多数叶片化水，这个速度是比较快的，没有抢救的机会。

夏季的肉肉颜色变漂亮了，怎么回事

　　通常，夏天景天科的多肉都是绿油油的"大白菜"，很少有颜色变得艳丽的品种。如果你的多肉在夏季突然变亮丽了，不要高兴得太早，很可能是多肉最后的"绽放"。有些时候，多肉发生黑腐病害时，扩张的速度不是特别快，会有一些预兆，比如叶片颜色变粉或变黄。这时候一个特点是变颜色的叶片只是一小部分，集中在一起，这就说明是这个部位出现了问题。如果情况不严重，摘叶子、砍头或许还能救回来。不过，大部分时候还是只能眼睁睁看着它们释放最后的美丽，然后黑腐死去。

发现花盆周围有蚂蚁，需要清理吗

如果在多肉周围发现蚂蚁，那说明蚜虫也离你的多肉不远了。蚂蚁非常喜欢吃蚜虫的粪便，一种含糖丰富的"蜜露"。蚂蚁就好像昆虫界的牧人一样，它们把蚜虫搬运到不同的"牧场"放牧，然后就可以得到食物了。蚜虫为蚂蚁提供食物，蚂蚁保护蚜虫，给蚜虫创造良好的取食环境。通过对它们之间这种互利共生的关系的认识，你就知道发现蚂蚁意味着什么了吧？

如果发现蚂蚁在你的花盆里活动，还是换土吧。如果在花盆周围，可以采用诱杀的方法，用鸡蛋壳、面包屑等引诱蚂蚁，然后集体杀灭，需要连续诱杀几天。多肉植株最好也喷洒 3 次杀虫剂，因为蚂蚁很可能已经把蚜虫放置在了多肉植株上。

浇水需要根据天气情况调整吗

养护多肉植物，需要每天关注天气预报。因为不同的天气情况，多肉植物对于水分的需求也会不同。气温较高时，多肉植物多浇水，而盛夏时节和气温较低时浇水量需要减少。到了阴雨天一般不浇水。准确把握天气情况，才能制定出为多肉植物浇水的最佳方案。

多肉底部叶片腐烂了，怎么办

如果生长一直正常，只有底部少许叶片腐烂，可能是土壤太保水造成的。底部叶片长期接触潮湿的土壤会引发腐烂，所以，配土不能太保水，另外也可以在土壤上面铺一层颗粒稍微大一点的铺面石，比如赤玉土、麦饭石等，可以有效防止此类情况发生。

肉肉叶子干枯就可以浇水了吗

有些多肉种类叶色发暗红，叶尖及老叶干枯，有人认为是植株的缺水现象。其实多肉植物在阳光暴晒或根部腐烂等情况下也会发生上述现象，此时若浇水对多肉植物不利。因此，浇水前首先要学会仔细观察和正确判断多肉的健康状况。

冬季少浇水、多观察

冬季是很多肉肉最美丽的季节，有经验的肉友都知道，我们的多肉又要面临新的考验了。夏季和冬季是多肉比较容易发生危险的两个季节，需要大家更多的关注和照看。个人总结，冬季其实除了防寒外，就是要少浇水、多观察，发现什么问题能够及时处理。相信爱肉肉的人每天都会对多肉进行例行巡视吧！

冬季休眠的多肉要完全断水吗

冬季休眠其实是多肉对抗寒冷的一种"低温反应"，虽然外表上看不出来，但其实休眠的时候植物并没有闲着。蒸腾作用还在继续，水分供给不能停。它们的根系需要一定的湿度，所以不能完全断水，否则根系就会干死了。

如果冬季能够保持10℃左右的气温，大部分景天科的多肉是能够缓慢生长的。低温和控水能够"虐"出多肉美丽的颜色，但是也不能过度，所以冬季还是要少量给水的。

生石花冬季休眠时应减少浇水。

叶子变透明了，是冻伤吗

冬季叶子变透明的话，很可能是冻伤了。如果只是很少一部分叶片透明，可以移至气温稍微温暖的地方养护，不能立刻搬入暖气房，更不能立刻浇水，不然死得更快、更彻底。一些品种超级不耐寒，像劳尔、婴儿手指、格林、虹之玉等还是早一些移到室内养护为好。姬星美人、薄雪万年草等稍微耐寒，但是也不能掉以轻心。

多肉冻伤了还有救吗

这要看具体情况。相对来说，成株、老桩比较耐寒，轻微冻伤可以缓过来，而幼苗的话，一旦冻伤基本就没救了。一些老桩，比如红稚莲、冬美人、胧月等，也许冬季叶片冻伤了，冻化水了，来年春天气温回升也有可能再次萌生新芽，所以这样的多肉老桩冻伤的话也不要轻易放弃它们。全年露养的多肉比非露养的多肉更皮实耐冻，这样的多肉也有可能恢复过来。

北方冬季室内养护需要注意什么

北方大部分地区应在霜降节气前，差不多是 10 月中旬，将多肉搬入室内养护。可以多关注天气预报，如果有寒流或霜冻来袭就需提早搬入室内了。看气温的话，最低温度接近 5℃时就要搬入室内。

冬季室内养护必须考虑到通风和日照。如果日照不足，即使控水再严格也还是会徒长的。北方的暖气房温度达到 20℃是常有的事，如果空气不够流通的话，盆土长期湿润，也容易造成植株徒长。好的方法是，晴天中午开窗通风 1 小时。注意不要让寒风直吹你的多肉。如果室外温度低于 0℃还是不要开窗通风了。另外需要注意的是，不要把多肉放在暖气附近。暖气散热多，会把植物"烤死"的。

冬季大家就不要在网上购买脱土的多肉了，保温措施不够的话，路上非常容易冻死。就算买回来好好的，冬季的低温也不利于发根，缓盆期会比较漫长。叶插、砍头什么的还是忍耐一下，等春天再弄吧。

南方冬季养护需要注意什么

南方的肉友冬季其实要注意的更多一些，为多肉保暖是最重要的一件事。南方的朋友更要多多关注天气预报。不要以往年的气温来衡量今年的天气，虽然天气预报有时候也不够准确，但多一个参考，多一分小心总是好的。

如果气温不低于 5℃可以放在室外向阳且背风的地方，注意一定要背风。如果没有背风的地方可以放，还是趁气温在 10℃左右时就收到室内吧。

还有一个问题是，南方没有暖气如何保温呢？很简单，搭棚子，学菜农大棚种菜啊！可以给多肉搭一个简易的塑料棚子，当然越大越好，多肉的生存环境能够比较稳定。如果温度再低，需要加盖"被子"。

同样还有通风的问题，白天天气晴朗的时候可以打开棚子，让多肉透透气，这样也能防止棚子内部温度、湿度过高。

南方的冬季养护多肉也要少浇水，浇水次数要少，浇水量也要少。

其他常见问题

还有一些新人朋友经常会问一些在老玩家眼里比较奇怪的问题，其实这些都是因为不了解多肉，还没有完全经历多肉的各个生长阶段，时间久了，经历的多了，这些自然也就不成问题了。

多肉植物真的有种子吗

多肉植物和其他植物一样，可以开花也会结种子，只是大部分景天科多肉的种子非常小，小到什么程度呢，如果拿一粒多肉种子和一粒小米对比，你就会发现其实小米还不算小。

其实真正的问题是，怎么获得真种子。很多肉友都买到过假种子，因为一些商家的不良行为，对某地的商家产生了非常不好的影响。其实，大家在网上购买时，一定不要贪图小便宜，多看看评论，有肉友推荐的话会更可靠。

多肉底部长侧芽了，怎么办

很多新人最初对多肉的认识都是单头，当它开始长侧芽时就觉得很奇怪。这种情况你可以让它自然生长，长成多头，如果不喜欢，也可以剪下来栽种。

多肉都那么干净，怎么做到的

很多人都惊叹为什么我养的多肉都那么干净，除了因为全年室内养护，灰尘比较少之外，我是从不往叶片上面喷雾或浇水，极个别的少数有一两次。还有绝不动手摸，经常用气吹清理灰尘。如果你对品相要求高的话，保持干净清爽的叶片会为整体美观度加分不少的。

多肉底部叶片要枯萎了，正常吗

很多新人分不清老叶的正常代谢和病态的化水现象。一般来说，如果枯萎化水的比较少，速度慢，就是正常的老叶消耗，不用担心。如果化水比较多，比较迅速就是病态的。需要视情况采取砍头、摘叶子。

被鸟啄伤的叶片，需要掰掉吗

露养的多肉经常会被小鸟啄伤，尤其在深秋，野外食物比较匮乏的时候，多肉叶片多汁就成了它们美味的食物。如果叶片啄伤的伤口比较小，基本不影响，日后慢慢会痊愈，不过会留下疤痕，如果觉得碍眼，可以摘下来叶插。如果啄伤面积比较大，还是摘掉比较好。

多肉长了石灰一样的东西，是什么病

如果不是多肉植株本身长的白霜的话，可能是一种白粉病，需要立即和其他多肉植物隔离开来，因为此病会传染。可以到花店或网上购买腈菌唑或氟菌唑，然后按照说明书的使用量进行整株及盆土表层一起喷药治理。白粉病的发病原因多是土壤潮湿、荫蔽时间太久。所以浇水一定要见干见湿，生长季接受充足的日照。

多肉本身的白霜用手触摸就会掉，而白霜病是不会被水冲掉的，用手摸也不会掉，这是区分两者的关键。

生长点长没啦，会不会死

极少数的多肉会在生长过程中，新叶片生长数量变少，然后直到2个叶片对立生长，生长点消失了，不再有新叶长出。这种情况也无需担心，正常养护就可以。虽然母株不会再生长了，但是会从底部生出侧芽。

叶片出现暗红色斑点是怎么回事

叶片有斑点，植株生长正常，也没有化水的迹象，这就很可能是晒伤。这种程度的晒伤对植物生长基本没有什么影响，很可能是阳光比较强烈时浇水，没有把叶片上的水分吹干造成的。以后的养护中，尽量避开阳光强烈的时间段浇水，并加强通风，或者手动把水分吸干。养成这种习惯，多肉的品相才会更美。

雪莲自身生长有白色的霜粉，并不是病害。

附录

拍摄多肉小技巧

养出了美美的萌肉，如果拍照技术太差，真的是"暴殄天物"的感觉啊！所以，为了不埋没你的美肉，也为了更好地展现自己的劳动成果，还是来学点拍摄多肉的小技巧吧。

不可忽视的拍摄基础

拍照其实和养多肉一样，掌握关键点就能轻松上手。不论你是使用手机或数码相机或是单反，这些知识都适用。

构图

对于拍摄多肉来说，新人最容易上手的就是拉近镜头与多肉的距离，让多肉尽可能占满整个画面或者把多肉放在画面的正中。这样的构图简单，而又特别能够突出主题，适合拍摄单株的多肉。如果想要让画面有层次，就要考虑前景、中景、背景与被摄主体的主从关系。这里要注意背景尽量简单、干净，不然容易扰乱视线。

光线

一般我会在清晨拍摄，太阳刚刚升起，光线比较柔和，拍出的照片光线也均匀。比较好的时间段还有傍晚、阴天、下雨天、雨后。这些时候的光线也都适合拍摄多肉。

比较忌讳的就是正午和晚上的时候拍摄，正午的时候拍出的照片曝光太多，大部分都不理想。夜间拍摄也很难有好的照片，光线不足会产生很多噪点，图片质量很差。如果用闪光灯，植物叶片会反光，也很难看。

拍摄角度

不同角度拍摄会有不同的效果，比如顺光拍摄，多肉受光均匀，照片的色彩还原度高，更接近多肉本来的颜色，适合拍乌木、东云等多肉；侧光拍摄立体感强，能够表现出叶片的肌理，适合拍玉露、生石花和带茸毛的多肉等。另外要尽量多尝试从不同的角度去观察植物，找到那个你认为最美的角度。

实用的拍摄技巧

　　说了几点基础的理论知识，也许你还没有明白，到底该怎么拍，没关系，咱们再来看看更实用的小窍门吧。

正确对焦

　　很多人拍照会发现，照片放大后看是糊的，画面不清晰，有的则是对焦不准确，要表现的被摄主体不清晰，背景或前景倒是很清晰。这种情况就是对焦不准确造成的。其实很多相机和智能手机都有触摸屏对焦的功能，只要在拍摄屏幕上点击你想要拍摄的物体，镜头就会自动对焦到这里了，知道了这个小秘密，以后再也不用担心拍照拍糊啦！

多拍几张

　　这是一条永恒不变的真理，无论新手还是大师，无论手机还是单反，一次多拍几张都是更加保险的选择，你可以从中挑选更优质的照片。

丑肉也可以拍得美美的

　　一些徒长的肉肉，可以采取鸟瞰式的拍摄，这样即使它徒长成高塔都没有人发现。还有刚刚种下的组合盆栽，植株间的空隙比较大时，就不要俯拍了，可以选择和花盆同水平线的高度侧面拍摄，这样能营造出郁郁葱葱、繁荣茂盛的样子。

使用配件

　　比如相机可以使用三脚架，拍摄更稳定，使用各种不同镜头、鱼眼、广角、微距等，可以拍摄出不同的感觉。手机也可以加装一些小镜头，微距镜头的效果不错，能够拍摄出肉眼无法看到的细节，简直是打开了另一个世界的大门。你还可以试试老花镜的镜片或者其他省钱又有巧思的东西，能够获得不一样的视觉效果哦！

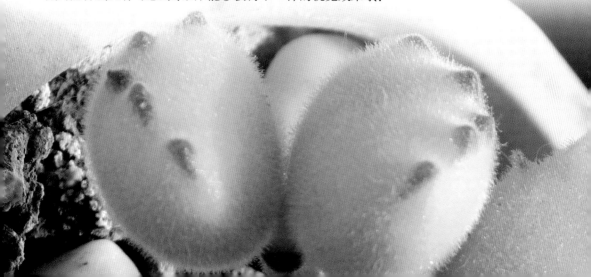

全书多肉拼音索引

全书多肉科属索引

图书在版编目（CIP）数据

零基础养多肉：养活 养好 养出色 / 阿尔主编 . — 南京：江苏凤凰科学技术出版社，2017.01（2023.05 重印）
（汉竹·健康爱家系列）
ISBN 978-7-5537-7179-3

Ⅰ . ①零… Ⅱ . ①阿… Ⅲ . ①多浆植物 – 观赏园艺Ⅳ . ① S682.33

中国版本图书馆 CIP 数据核字 (2016) 第 216031 号

中国健康生活图书实力品牌

零基础养多肉——养活 养好 养出色

主　　　编	阿　尔
编　　　著	汉　竹
责 任 编 辑	刘玉锋　张晓凤
特 邀 编 辑	魏　娟　苑　然　张　欢
责 任 校 对	杜秋宁
责 任 监 制	刘文洋

出 版 发 行	江苏凤凰科学技术出版社
出版社地址	南京市湖南路 1 号 A 楼，邮编：210009
出版社网址	http://www.pspress.cn
印　　　刷	合肥精艺印刷有限公司

开　　　本	720 mm × 1 000 mm　1/16
印　　　张	14
字　　　数	200 000
版　　　次	2017 年 1 月第 1 版
印　　　次	2023 年 5 月第 18 次印刷

标 准 书 号	ISBN 978-7-5537-7179-3
定　　　价	39.80 元

图书如有印装质量问题，可向我社出版科调换。